Arnaud CHICUREL

Les Grands Sites de **NORMANDIE**

---

*The Great Sites of **NORMANDY***

La Normandie, soit « le pays des hommes du Nord », ainsi que l'on appela les terres concédées à des envahisseurs vikings par le roi de France en 911, est sans conteste une des régions les plus célèbres d'Europe. L'on sait que le lait y coule à flot et qu'il y fait beau plusieurs fois par jour ! Sa notoriété repose avant tout sur certains monuments d'exception, des sites naturels à couper le souffle, le mouvement de l'impressionnisme qui s'y épanouit et des batailles déterminantes de l'histoire contemporaine.

Avec ses six cents kilomètres de côte et la Seine en guise d'appendice, car le fleuve est accessible aux navires hauturiers jusqu'à Rouen, la Normandie accuse un caractère maritime. Aux hautes falaises crayeuses de la côte d'Albâtre et affectant des formes baroques à Étretat, succède le littoral du Calvados et ses plages proches de la capitale. L'architecture balnéaire des origines, celle des années 1900, y a laissé quelques-uns de ses fleurons. Le long du Cotentin enfin, de longues plages alternent avec des anses rocheuses annonçant la Bretagne.

Si le littoral ne manque pas de faste et de variété, l'arrière-pays, lui, manifeste davantage de retenue. Aucune montagne ne l'anime, mais des reliefs vertigineux s'offrent aux yeux à la roche d'Oëtre ou en surplomb des méandres de la Seine. Le paysage est surtout dominé par le Bocage, propice à l'élevage bovin et équin, tel que le souligne dans le Perche la présence du plus ancien des haras nationaux, celui du Pin.

Bien doté par la nature, le territoire prospéra également grâce à la stabilité et à la puissance de son État originel, érigé en duché. Ses seigneurs devinrent les maîtres de l'Angleterre et du Sud de l'Italie, ils développèrent des villes, dont Caen, et soutinrent l'élan monastique. D'insignes églises abbatiales apparurent, comme à Jumièges et au Mont-Saint-Michel. Leurs dimensions considérables nécessita le recours à des avancées architecturales et celles-ci participèrent à l'éclosion d'un style qu'un archéologue normand du XIXe siècle qualifiera de roman. Toujours animés d'inventivité, les bâtisseurs de la région expérimentèrent le voûtement à croisée d'ogives, ouvrant ainsi la voie au style gothique.

La propension à la construction monumentale perdura bien au-delà du Moyen Âge et s'exprima aussi dans les demeures nobiliaires. Sans rivaliser avec l'Île-de-France et le Val de Loire, où résidèrent le roi et ses proches, la Normandie est bien une terre de châteaux. Certains d'entre eux sont des jalons de l'histoire de l'art, d'autres renferment des trésors ou possèdent de beaux jardins, lesquels toutefois n'éclipsent pas la renommée de ceux de Claude Monet à Giverny. Le maître du courant impressionniste, dont le terme renvoie à l'un de ses tableaux peints au Havre, y poursuivit ses recherches picturales sur la lumière et les reflets que la Seine, la mer et le ciel changeant de Normandie lui avaient inspirés.

La liste des legs du passé serait encore plus longue si les combats qui suivirent le débarquement allié le 6 juin 1944 n'avaient abouti à l'anéantissement de la plupart des villes. Celles-ci renaquirent néanmoins sans délai de leurs cendres et la reconstruction en fit même des laboratoires d'urbanisme, notamment au Havre, insufflant un vent de modernité et complétant les délectations visuelles que la Normandie distribue avec prodigalité.

Normandy, or 'the land of the Northmen' as it was called at the time when this territory was conceded by the French king to the invading Vikings in 911, is unquestionably one of the most famous regions in Europe. It is common knowledge that milk is the local beverage and that the weather can be fair several times a day! The region's renown is owed above all to its exceptional monuments, outstanding natural sites, the Impressionist movement which blossomed here and the decisive battles that shaped modern history.

With its six hundred kilometres of coastline, the only marked interruption of which is the River Seine - offering access to deep-sea vessels as far as Rouen - Normandy is a decidedly maritime region. It stretches from the chalky cliffs of the Alabaster Coast which offer Étretat its flamboyant relief, to the fine sandy beaches of the Calvados coast by the regional capital. Original seafront architecture dating back to the early 1900s has left us with some remarkable jewels. Finally, along the Cotentin coast, long beaches rub shoulders with rocky coves, announcing nearby Brittany.

Whilst the coast abounds with prosperity and variety, the inland areas offer more discreet charms. Here, there is not a mountain in sight, but some breathtaking relief, by the Roche d'Oëtre or overlooking the meanders of the Seine. The landscape is dominated by the 'bocage', an environment of plots and hedgerows propitious to cattle and horse breeding, as in the Perche area for example, home to the Haras du Pin National Stud farm.

Spoilt by nature, the region also drew wealth from the stability and the power of its original status, raised to that of a duchy. Its noblemen also became lords in England and Southern Italy, developing towns, such as Caen, and supporting the monastic momentum. Remarkable abbey churches were built, in sites such as Jumièges and the Mont-Saint-Michel. Their considerable dimensions called upon advanced architectural prowess, and they contributed towards the emergence of a style referred to by a 19th-century Norman archaeologist as Romanesque. Relentlessly inventive, the region's builders experimented with ribbed vaulting, paving the way to the Gothic style.

The distinct predilection for monumental construction continued well beyond the Middle Ages and was equally expressed in noble properties. Without for as much searching to rival the Île-de-France region or the Loire Valley, where kings and their court regularly took up residence, Normandy is nevertheless a land of castles. Some of them are landmarks in the history of art; others boast genuine treasures or remarkable gardens, none of which are as internationally acclaimed as that of Claude Monet, in Giverny. The master of the Impressionist movement, the very name of which stems from one of his paintings of Le Havre, took up residence there, to pursue his pictorial work, inspired by the lights and the reflections of the Seine, the sea and Normandy's ever-changing skies.

The list of the legacies left to Normandy would be even longer, had the combat in the wake of the Allied Landings on 6 June 1944 not devastated a vast share of its towns. They nevertheless rose once more from their ashes, their reconstruction relying on genuine laboratories of urban planning, in Le Havre in particular, and offering a new age of modernity, harmoniously completing the sources of visual delectation already abundantly offered by Normandy.

Arromanches-les-Bains

Port artificiel / *Artificial harbour*

Le destin de la petite station balnéaire est, depuis le 6 juin 1944, lié à celui de son port artificiel, œuvre majeure d'ingénierie militaire et instrument capital de la bataille de Normandie. Il devait permettre aux Britanniques d'acheminer hommes et matériel en attendant la conquête et la remise en état du port de Cherbourg. La présence d'une baie et d'eaux peu profondes motivèrent le choix du site d'Arromanches. Les éléments, fabriqués durant neuf mois puis remorqués à travers la Manche, parvinrent dès le lendemain du Jour J et furent assemblés en une semaine. La dévastation le 19 juin par la tempête de l'autre port artificiel, à l'usage de l'armée américaine et situé à Omaha Beach, entraîna une intensification des déchargements à Arromanches. Des quais et jetées métalliques, démantelés dès la fin de l'année 1944 afin de remplacer des ponts détruits, ne reste qu'une vingtaine d'épaves de caissons brise-lames en béton, découverts à marée basse.

Since 6 June 1944, the fate of this small coastal village has been associated with its artificial harbour, a major feat of military engineering and a vital tool during the Battle of Normandy. It was to enable the British to bring in men and material pending the conquest and the operational recovery of the port of Cherbourg. The presence of a bay and of relatively shallow water were behind the choice of Arromanches. Produced over nine months and towed across the Channel, the elements that comprised the harbour arrived the day after D-Day and were assembled within a week. On the 19th of June, the devastation that struck the second artificial harbour to be used by the Americans and located on Omaha Beach, led to intensified unloading activity in Arromanches. Of the docks and metallic jetties, dismantled late 1944 in order to replace destroyed bridges, only twenty wrecked concrete breakwater caissons can still be seen at low tide.

Balleroy
Château

Lorsqu'en 1626, Jean II de Choisy confia l'exécution des plans de sa demeure à François Mansart, celui-ci n'était qu'un architecte débutant. Il expérimenta ici des formules, telles que l'articulation pyramidale des volumes et conçut un escalier d'un nouveau genre, constitué d'un vide central. L'œuvre remporta un franc succès et Balleroy devint même le modèle du château classique français. Conformément au principe alors en vigueur, la sobriété des façades ne laisse en rien présager le luxe des intérieurs. Seule une salle a conservé ses décors originaux ; elle constitue un précieux témoignage du Grand Siècle en Normandie. Haut lieu de création artistique, Balleroy est également lié à une histoire plus insolite. Le dirigeant de presse américain Malcolm Forbes acheta le domaine en 1970 et y assouvit sa passion de l'aérostation en aménageant dans les écuries un musée des ballons. Il organisa aussi des envols de nombreuses montgolfières en forme de monuments et de châteaux, dont celui de Balleroy !

When, in 1626, Jean II de Choisy entrusted François Mansart with the task of drawing up the plans of his future property, the latter was but a budding architect. Here, he experimented with different formulas, such as pyramidal articulation of volume, designing a new type of staircase, the centre of which was an empty space. His work met with considerable success and Balleroy even became a model for the classical French 'château'. As per the basic principles in vogue at the time, the sobriety of the facades was of no comparison to the luxurious interior. Only one room in the castle still boasts its original decoration; it bears precious witness to the Grand Siècle in Normandy. A centre of artistic creation, Balleroy is also associated with another, original story. The American press tycoon Malcolm Forbes acquired the estate in 1970 and fed his passion for aerostats by installing a hot-air balloon museum in the stables. He also organised several flights aboard hot-air balloons reminiscent of monuments and castles, including Balleroy!

Le salon d'honneur renferme un plafond peint du XVIIe siècle dont le thème est le char d'Apollon accompagné du cortège des saisons.

The hall of honour boasts a 17th-century painted ceiling on the theme of the Chariot of Apollo and the procession of the four seasons.

Bayeux

Cathédrale Notre-Dame / *Notre-Dame Cathedral*

Une si grande cathédrale pour une si petite ville ! Les dimensions de l'édifice reflètent la prospérité de Bayeux lorsqu'il fut achevé en 1077. La consécration eut lieu en présence du puissant duc de Normandie, Guillaume le Conquérant, ainsi que de son demi-frère, l'évêque et le commanditaire supposé de la fameuse Tapisserie de Bayeux, Odon de Conteville.

Considérablement ravagée par des incendies au XIIe siècle, la cathédrale fut reconstruite surtout entre 1220 et 1260, lors du plein épanouissement du style gothique. Seules la crypte, les structures des tours et de la façade ouest demeurent originelles et d'inspiration romane. Le monument reçut au XVe siècle la tour-lanterne coiffant la croisée du transept, élévation typique de l'architecture religieuse en Normandie et destinée à diffuser davantage de lumière à l'intérieur. Surmontée d'un étage supplémentaire et d'un dôme en cuivre au XIXe siècle, cette tour confère de la gracilité à l'ensemble.

Such a vast cathedral for such a small town! The dimensions of the edifice are the reflection of Bayeux's prosperity when its construction was completed in 1077. The cathedral was consecrated in the presence of the powerful Duke of Normandy, William the Conqueror, and of his half-brother Odo of Conteville, bishop and supposedly the man who commissioned production of the famous Bayeux Tapestry.

Having suffered considerable fire damage in the 12th century, the cathedral was rebuilt, particularly from 1220 to 1260, in the midst of the emerging Gothic style. The crypt, tower structures and the west facade are all that remain of its original Romanesque elements. In the 15th century, the monument was endowed with a lantern tower above the transept crossing, a typical feature of religious architecture in Normandy and aimed at bringing increased natural light to the interior. Elevated with a further level and a copper dome in the 19th century, this tower offers grace to the architectural ensemble.

GRAND HOTEL

Cabourg
Grand Hôtel

L'établissement se réduirait à un bel ornement d'architecture balnéaire, si un hôte assidu et illustre ne lui avait insufflé un supplément d'âme. C'est en effet en ce lieu que Marcel Proust séjourna durant l'été, de 1907, année de l'inauguration de l'hôtel, jusqu'en 1914. L'auteur d'*À la recherche du temps perdu* n'appréciait guère les caprices du climat normand, méprisait les estivants, ne contemplait pas la mer, ignorait la plage, mais il éprouvait ici de la nostalgie, cet état d'âme dont il tirait la quintessence de ses romans. Son enfance fut en effet marquée par des vacances à Cabourg, où l'air marin devait le soulager de ses crises d'asthme. Le futur lauréat du prix Goncourt puisa également au Grand Hôtel sa matière littéraire, en observant les mœurs de la bonne société parisienne en villégiature. Si Proust ne dédaigna pas les soirées mondaines, s'il organisa des réceptions et joua au casino voisin, dilapidant de la sorte l'héritage paternel, il vivait surtout reclus dans sa chambre, laissant courir sa plume sur le papier. L'hôtel a conservé l'aspect que l'écrivain a connu, comme un hommage rendu à celui qui voulait suspendre le cours du temps.

This establishment could well have been a simple seafront architectural adornment, had one of its regular guests not instiled in it a hint of added charm and intrigue. For indeed, it is within these walls that Marcel Proust took up residence in the summer, from 1907, the year the hotel was inaugurated, to 1914. The author of In Search of Lost Time *was not very partial to Normandy's unpredictable climate, he despised the summer holidaymakers, never contemplated the sea, totally ignored the beach… yet he found here his own conception of nostalgia, and the very special mood that inspired the essence of his novels. His childhood had been punctuated with regular holidays to Cabourg, where the sea air was to soothe his asthma attacks. The future Prix Goncourt literary prizewinner also sought inspiration for his literary work at the Grand Hôtel, by observing the attitudes and habits of Paris's visiting high society. Although Proust did not scorn society evenings, even organising his own receptions and gambling at the neighbouring casino, dilapidating his paternal inheritance, he lived most of the time as a recluse in his hotel room, letting his quill fill countless sheets of paper. The hotel has preserved the atmosphere that was dear to the novelist, as if in a tribute to the guest who wished for time to stand still.*

Caen

Abbaye-aux-Dames / *Ladies' Abbey*

Unis dans la vie, le célèbre duc Guillaume le Conquérant et Mathilde de Flandre le sont également dans la pierre. L'Abbaye-aux-Dames est en effet le pendant de celle aux Hommes, toutes deux commanditées par le couple afin d'expier leur pêché de mariage contre nature et accessoirement de mieux affirmer le statut de Caen comme nouvelle capitale de la Basse-Normandie. Les monastères, confiés l'un à des moines et l'autre à des moniales de l'ordre bénédictin, renferment le tombeau des deux époux dans chacune des églises. Si ces dernières présentent des similitudes, celle de la communauté féminine affiche des dimensions plus modestes et les élévations sont plus massives. L'on notera également que seule l'abbatiale de Mathilde a conservé son chœur roman et qu'elle possède une crypte. Elle a en revanche perdu les flèches de ses tours au cours du XVIIIe siècle. C'est à cette époque aussi que la congrégation de Saint-Maur, soucieuse d'opérer un redressement spirituel et temporel des monastères bénédictins, entreprit de reconstruire les bâtiments conventuels caennais. La Révolution interrompit l'achèvement de ceux de l'Abbaye-aux-Dames. Ils abritent de nos jours le conseil régional de Normandie.

Normandy's famous duke, William the Conqueror, and his wife Matilda of Flanders were not only united by wedlock but also in stone. For the Ladies' Abbey is indeed the counterpart of the Men's Abbey, both commissioned by the couple in order to expiate their sinful marriage and, in the process, to better assert the city of Caen as the new capital of Normandy. The monasteries, which were entrusted, one to monks, the other to nuns from the Benedictine Order, house their tombs, William in St Stephen in the Men's Abbey, and Matilda in the Holy Trinity in the Ladies' Abbey. Although they bear similar features, the abbey entrusted to the religious community of women is of more modest dimensions, whilst its elevations are sturdier. We can also note that only Matilda's abbey church still boasts its original Romanesque choir and a crypt. However, its spires and towers perished during the 18th century. During the same period, the Congregation of Saint Maur, in an endeavour to restore spiritual and temporal authority over Benedictine monasteries, undertook to rebuild the monastic buildings in Caen. Completion of those at the Ladies' Abbey was interrupted upon the onset of the French Revolution. Today, they house the headquarters of the Normandy Regional Council.

Abbaye-aux-Hommes / *Men's Abbey*

Seule l'édification de deux grandes abbayes, dites aux Hommes et aux Dames, apaiserait l'ire du pape déclenchée par le mariage blasphématoire entre le duc de Normandie, Guillaume le Conquérant, et sa cousine, bien qu'à un lointain degré, Mathilde de Flandre. À la justification spirituelle du projet s'agrégea une considération temporelle : restaurer l'autorité ducale en Basse-Normandie, après qu'une révolte nobiliaire eût agité la région, par un maillage plus serré de châteaux et d'abbayes. L'attachement de Guillaume au nouveau monastère caennais, construit à partir de 1063, s'exprima par son choix d'être inhumé dans l'église. Sa tombe, profanée lors des guerres de religion, ne contient plus qu'un fémur et se réduit à une dalle gravée d'une épitaphe, mais cette perte n'altère en rien la valeur historique et artistique de l'édifice ; ainsi la voûte de la nef, datée de 1120, est un exemple précoce de recours à la croisée d'ogives. Les bâtiments monastiques, eux, reconstruits entre 1704 et 1764, comptent parmi les œuvres capitales d'architecture religieuse du XVIIIe siècle. La salle capitulaire et le réfectoire ont conservés leurs vastes compositions peintes et des boiseries finement sculptées. Épargnée lors de la bataille de Caen en 1944, l'abbaye est depuis 1965 affectée à l'hôtel de ville.

Only the construction of two abbeys, referred to as the Men's and the Ladies', was to calm the wrath of the Pope, spurred by the blasphemous marriage between the Duke of Normandy, William the Conqueror and his cousin, although distant, Matilda of Flanders. The project's spiritual justification was enhanced by a considerable temporal dimension: to restore ducal authority in Normandy, after the unrest caused by the nobiliary rebellion, through a tighter network of castles and abbeys. William's fondness of this new monastery in Caen, construction of which began in 1063, was materialised by his wish to be buried in the abbey church. Profaned during the Wars of Religion, his tomb now only contains a femur and is in the form of a simple stone slab engraved with an epitaph. However, in no way does this loss alter the historic or artistic value of the edifice itself, the nave vault, dating from 1120, offering us an early example of ribbed vaulting. The monastic buildings, rebuilt from 1704 to 1764, are among the finest examples of 18th-century religious architecture. The chapter house and the refectory still boast their original painted compositions and finely carved wood features. Spared during the Battle of Caen in 1944, the abbey has housed the Caen City Council since 1965.

Colleville-sur-Mer

Cimetière américain / *Normandy American Cemetery and Memorial*

Trait d'union entre deux secteurs du Débarquement, la plage au nom de code d'Omaha Beach devait impérativement être conquise, bien que le talus côtier offrît une position dominante à l'ennemi. Ce facteur mortifère, ainsi que l'imprécision des bombardements préliminaires, la combativité des défenseurs et une certaine confusion opérationnelle provoquèrent la plus grande hécatombe du 6 juin 1944. Plus de 3 800 soldats américains y furent tués ou blessés. Un certain nombre des libérateurs morts ici le Jour J reposent en retrait de la plage, dans le cimetière militaire de Colleville, parmi leurs concitoyens tombés ultérieurement lors de la bataille de Normandie. La nécropole, constituée de 9 380 tombes, d'un mémorial en forme d'hémicycle ainsi que d'une chapelle centrale et circulaire, est le site lié au Débarquement le plus visité. Plus d'un million de personnes y accèdent chaque année.

Forming a precious link between two landing zones, the beach codenamed Omaha was a vital target, despite the coastal embankment overlooking the shore and offering a defensive advantage to the enemy. This particularly deadly configuration, together with the haphazardness of preliminary bombardments, the fighting spirit of the defenders and a degree of operational confusion, led to the worst bloodshed experienced on 6 June 1994. Over 3,800 American soldiers were killed or wounded on Omaha. Some of the liberators who fell here on D-Day are laid to rest in the military cemetery in Colleville, along with their fellow soldiers who were killed later, during the Battle of Normandy. The necropolis is home to 9,380 graves and comprises a memorial in the form of a semicircle, and a central circular chapel. It is the most frequently visited site associated with D-Day. Over a million people come to visit every year.

Courseulles-sur-Mer

Centre Juno Beach / *Juno Beach Centre*

Quelque peu occultée par la suprématie anglo-américaine, la participation du Canada, au sein de la coalition contre l'Allemagne, lors de la Seconde Guerre mondiale, s'avéra majeure. Ainsi, un des cinq secteurs du Débarquement, dénommé Juno Beach, fut affecté à ses soldats et ceux-ci s'honorèrent de la plus lointaine avancée des Alliés au soir du 6 juin 1944. Soucieux de réparer une certaine forme d'injustice de la mémoire collective, un groupe de vétérans canadiens milita en faveur de la construction d'un musée dédié aux faits d'armes de leurs pairs durant le conflit, ainsi qu'à divers aspects de la société canadienne. Ils levèrent les fonds auprès de concitoyens et obtinrent de la municipalité de Courseulles un terrain, face à Juno Beach. Le bâtiment, inauguré en 2013, est une œuvre remarquable de l'architecture du XXIe siècle en Normandie. Ses volumes emboités font écho à des créations de Frank Gehry, comme le musée Guggenheim de Bilbao, et expriment des symboles. Ils évoquent notamment les contours de la médaille de l'ordre du Canada et de ceux de la feuille d'érable, l'emblème national.

Somewhat shadowed by the Anglo-American supremacy, Canada's contribution to the Second World War coalition against Germany proved to be decisive. One of the five landing zones, codenamed Juno Beach, was affected to the Canadian troops who could pride themselves in achieving the longest Allied advance by the evening of 6 June 1944. In an aim to repair what could be conceived as injustice in the collective memory, a group of Canadian veterans fought to obtain the construction of a museum devoted to their soldiers' feats of arms during the conflict, and to various aspects of Canadian society. They raised funds from their fellow citizens and the Courseulles council provided them with a plot of land opposite Juno Beach. Inaugurated in 2013, the building is a remarkable example of 21st-century architecture in Normandy. Its intertwined volumes are reminiscent of the architecture of Frank Gehry, such as the Guggenheim Museum in Bilbao, and are symbolic expressions. They are particularly evocative of the outline of the Order of Canada medal and of the maple leaf, which is the national emblem.

Creully
Château

Le monument présente deux visages. Le premier est celui d'une forteresse, coiffant un éperon rocheux. L'autre, remanié lors de la Renaissance, a un aspect plus doux. Les façades y sont percées de larges fenêtres et la tour circulaire d'escaliers, aux pilastres à la mode antique, rompt la rectitude générale. À l'intérieur, le caractère médiéval reste présent, notamment dans la grande salle, où les voûtes d'ogives, datées vers 1130, comptent parmi les plus anciennes implantées dans un bâtiment profane. La fière allure du château attira l'attention de Colbert, le célèbre serviteur de l'État sous Louis XIV, qui l'acquit quelques mois avant sa mort. Ses descendants le conservèrent en leur possession jusqu'à la Révolution. Une autre personnalité est associée au site, le général britannique Montgomery, commandant des forces terrestres alliées, qui installa à 400 mètres de là, dans le parc du château de Creullet, sa roulotte-quartier général pendant les deux semaines suivant le Débarquement. Le château de Creully, lui, servit durant un mois et demi à émettre les nouvelles du front sur les ondes de la BBC. La tour Carrée, qui abritait les installations radiophoniques, contient un musée dédié à cette page d'histoire.

Here is a monument with two faces. The first is one of a fortress, clutching to a rocky spur. The second is a gentler, Renaissance style, redevelopment. Facades bear large windows and the circular stair tower - with antique-style pilasters offers a break in the otherwise rectilinear composition. Indoors, the castle's medieval character remains, in particular in the main hall, where the ribbed vaults - dating to circa 1130 - are among the oldest to be noted in a profane building. The castle's proud beauty made quite an impression on Colbert, the famous French Minister of State under Louis XIV, who acquired the property a few months prior to his death. His descendents kept the castle up to the French Revolution. Another illustrious figure is also associated with the site, the British General Montgomery, commander of Allied land forces. He set up his mobile headquarters - in the form of a caravan - in the grounds of the Château de Creullet, just 400m away. In turn, he used the Château de Creully for around six weeks, to broadcast news from the front on the BBC airwaves. The square tower, which was used to house radiophonic equipment, is now home to a museum on this page in history.

Cricqueville-en-Bessin
Pointe du Hoc

La conquête du site le 6 juin 1944 réunit tous les ingrédients d'une pièce tragique avec ses péripéties, ses coups du sort, ses héros et aussi le cadre imposant de son action, une falaise haute de 30 mètres. Celle-ci soutenait une batterie de six gros canons aptes à compromettre le débarquement des troupes américaines sur les plages d'Utah et d'Omaha. Les 225 hommes du second bataillon de *Rangers* accostèrent en retard à cause de courants dérivants, perdant ainsi l'effet de surprise, puis ils escaladèrent la paroi à l'aide de grappins propulsés et d'échelles, dont celles des pompiers de Londres, sous les projectiles allemands. Devenus maîtres du terrain, les assaillants ne trouvèrent que des leurres en bois au lieu des pièces d'artillerie. Ils découvrirent les véritables canons à plus d'un kilomètre en retrait et dissimulés afin de les soustraire à des bombardements. Les *Rangers* durent ensuite affronter les contre-attaques pendant deux jours. Il ne restait que 90 d'entre eux valides, à court de munitions et de vivres, lorsque l'arrivée de renforts leur donna la victoire.

The capture of the site on 6 June 1944 reunites all the ingredients of a genuine tragic play, with its events, strokes of good and bad luck, its heroes and its breathtaking set, a 30 metre-high cliff. Upon it stood an artillery battery comprised of six high-calibre guns, capable of jeopardising the landing of the American troops on Utah and Omaha Beach. The 225 men from the Second Ranger Battalion came to shore late because of drifting currents, hence losing the element of surprise. They then scaled the cliff face using grappling hooks and ladders, including those provided by the London fire brigade, constantly under enemy attack. Once they had taken control of the site, instead of the expected artillery pieces, the assailants only came across fake wooden guns. They finally found the real guns over a kilometre inland, concealed in order to escape bombardments. The rangers had to defy counter-attacks for two whole days. Only 90 of them were still fit for combat, although short of ammunition and of food, when the arrival of reinforcements sealed their victory.

La pointe du Hoc est le site le plus évocateur de l'âpreté des combats lors du Débarquement, en raison de ses nombreux et vastes cratères d'obus de marine laissés en l'état.

Pointe du Hoc is the most evocative site of the bitter combat waged during the D-Day Landings, materialised by the huge craters caused by naval bombardments, which are still in their original state.

Deauville
Villa Strassburger

Curieuse combinaison entre architecture audacieuse et style régional porté à son comble, la demeure est unique en son genre et révélatrice de l'exubérance de la Belle Époque. Son commanditaire, le baron Henri de Rothschild, la fit ériger en 1907 à proximité de l'hippodrome, afin d'assouvir plus aisément sa passion pour les courses. La référence aux maisons du pays d'Auge apparaît dans les pierres et briques disposées en damier, les pans de bois et les épis de faîtage traités comme des sculptures. Cependant, une certaine effervescence semble s'être emparée des façades, tout en décrochements et que la multiplication des auvents de toiture et des pignons en encorbellement souligne. L'histoire ne retint que le nom du second propriétaire, Ralph Beaver Strassburger, éditeur américain et fortuné, qui lui aussi appréciait les chevaux de course, au point de garnir les salles de tableaux représentant ses propres montures. Son fils fit don en 1980 du domaine à la municipalité de Deauville en stipulant de le maintenir en l'état. Des réceptions y sont organisées et les convives peuvent goûter au cidre produit grâce aux pommiers du jardin !

Via a curious association of bold architecture and the epitome of traditional regional style, this property is truly one of a kind and a fine example of the exuberance of the Belle Époque. In 1907, the Baron Henri de Rothschild had the villa built close to the racecourse so that he could conveniently partake in his passion for horse racing. References to the Pays d'Auge's typical residential architecture can be seen in the chequered stone and brick facades, half-timbering and finials, designed as sculptures. Yet these same facades embrace a certain effervescence, with their multitude of recesses, porch roofs and corbelled gables. Only the villa's second owner's name remains for posterity, that of Ralph Beaver Strassburger, a wealthy American publisher who also had quite a predilection for racehorses, so much so that he adorned the interior walls with paintings of his own mounts. In 1980, his son donated the estate to the Deauville town council, with the condition that it be preserved as such. Receptions are organised during which guests can indulge in a taste of cider made from the apple trees in the garden!

Estuaire de l'Orne / *Orne Estuary*

Rares sont les fleuves de France qui terminent leurs cours de façon aussi majestueuse que l'Orne. Son estuaire aux eaux limpides décrit un élégant méandre autour de la pointe du Siège, une dune qui ne progresse plus, plate, recouverte de courtes plantes. Il longe également les marais et vasières aux teintes variées du Gros Banc. Si le site forme une parenthèse naturelle au sein d'un littoral urbanisé, il résulte en partie de l'action de l'homme, car des alluvions s'accumulent depuis la création du canal entre Caen et la côte en 1857 ; en outre, le Gros Banc est un ancien terrain agricole gagné sur la mer. Afin de soustraire les abords de l'embouchure à d'autres transformations et à la convoitise de promoteurs immobiliers, le Conservatoire du littoral a acquis entre 1984 et 2003 le tiers des mille hectares constituant les lieux. Ainsi, les oiseaux, répartis en plus de 200 espèces, et la dizaine de phoques observés pourront continuer à folâtrer, tandis que des fleurs peu communes en Normandie, comme la dame de onze heures, dont les pétales blancs se déploient en fin de matinée, agrémenteront les sols.

Of all France's rivers, very few meet the sea in such a striking manner as the River Orne. The crystal-clear waters of its estuary follow a delicate meander around the flat Pointe du Siège sandbank, which is covered with low vegetation. It also flows by the colourful marshes and mudflats of the Gros Banc. And whilst the site offers a natural escape amidst a highly urbanised coastline, it was partly formed by human activity, due to the alluvial deposits that accumulated since the creation of the canal linking Caen with the coast in 1857. Furthermore, the Gros Banc is a former farming land, recovered from the sea. In order to spare the area around the river mouth from any further transformations and from eager property developers, the Coastal Conservancy acquired a third of its thousand hectares, progressively from 1984 to 2003. Hence, the birds, of which some two hundred species can be observed, and a colony of around ten seals, can continue to peacefully occupy the site, whilst some rare flowers to Normandy, such as the eleven o'clock lady, the white petals of which open late morning, prettily adorn the ground.

Falaise

Château fort / *Fortified Castle*

Ville natale du duc Guillaume le Conquérant, Falaise s'enorgueillit aussi de posséder la plus vaste citadelle de Normandie après celle de Caen, ne comportant pas moins de 15 tours de rempart et 3 donjons. Le principal d'entre eux fut érigé vers 1123 à la demande d'Henri Beauclerc, fils de Guillaume, surtout afin de manifester son autorité après qu'une querelle de succession l'eût opposée à ses frères. Il prit pour modèle les hauts donjons quadrangulaires anglo-normands, notamment la célèbre tour de Londres. Le château de Falaise fut complété au XIIe siècle d'un autre donjon plus petit, accolé au précédent et reprenant ses dispositions. Une haute tour vint les rejoindre en 1207, marquée par l'évolution défensive apparue alors, comme le plan circulaire, qui réduit les angles morts. Très endommagé lors des guerres de Religion, puis négligé, le château fit l'objet dans les années quatre-vingt et quatre-vingt-dix d'une restauration approfondie. La modernité de certaines parties restituées, assumée en l'absence de sources historiques et pour mieux distinguer l'intervention contemporaine, suscita la controverse et même une procédure judiciaire. Il appartient ainsi au visiteur d'imaginer les éléments reconstruits tels qu'ils pouvaient exister ou d'en faire abstraction !

Falaise, William the Conqueror's birthplace, can also take pride in boasting the vastest citadel in Normandy after Caen, with no less than fifteen rampart towers and three keeps. The main keep was erected circa 1123 upon orders from Henry Beauclerc, William's son, with the specific aim of asserting his authority in a quarrel over succession with his brothers. He drew inspiration from other high quadrangular Anglo-Norman keeps, among which the famous Tower of London. Falaise Castle was completed in the 12th century with another, smaller keep, adjoining the first and of the same composition. A high tower was added in 1207, marked by emerging defensive features, such as a circular plan, with reduced blind angles. After suffering considerable damage during the Wars of Religion, then falling into neglect, the castle was offered extensive restoration in the 1980s-1990s. The modernity of certain restored features, perfectly asserted given the absence of historic sources and aimed at better distinguishing contemporary intervention, led to considerable controversy, and even legal proceedings. It is up to the visitor to try to imagine what these new elements may have looked like in the past, or simply take no notice of them.

Fontaine-Henry
Château

Si un prix d'élégance architecturale devait revenir à un château normand, celui de Fontaine-Henry l'obtiendrait probablement. L'on y admire le rythme des volumes, la finesse des sculptures, la légèreté que confèrent les nombreuses fenêtres et les toitures élancées. La variété des styles est en outre remarquable. Ainsi, la vaste chapelle, édifiée vers 1200 et principal vestige du château primitif, a conservé toute la massivité des bâtiments romans. Le corps de logis, construit entre le XIVe siècle et le XVIe siècle à l'initiative des puissants seigneurs d'Harcourt, comporte une tour et une travée sobres, d'inspiration gothique primitif. La partie centrale de la demeure présente, elle, les attributs du gothique tardif, tels que fenêtres en accolade et balustrades ajourées. L'art de la Renaissance enfin, avec ses colonnes à l'antique, se déploie principalement sur le pavillon d'angle, lequel se démarque aussi par l'extraordinaire étirement des toits. Plus élevés que les façades qu'ils coiffent, leur hauteur de 15 mètres et leur pente de 79 degrés relèvent de l'exploit. Le monument, renfermant tableaux de maître et meubles précieux, que neuf familles ont possédé successivement sans l'avoir jamais vendu, est aujourd'hui entre les mains du marquis d'Oilliamson, dont les ancêtres écossais vinrent en France au XVe siècle pour servir le roi par les armes.

If a prize for architectural elegance were to be awarded to a Normandy castle, the Château de Fontaine-Henry would most likely be the winner. The rhythm of its volume, the finesse of its sculptures, the delicacy offered by its many windows and slender roof are all worthy of our admiration. The variety of styles is quite remarkable. The vast chapel, edified circa 1200 and the principle vestige of the early castle, still boasts its stocky Romanesque construction. The main building, edified between the 14th and 16th centuries under the impetus of the powerful lords of Harcourt, comprises a simple tower and bay, of primitive Gothic inspiration. The central part of the property boasts late Gothic features such as ogee windows and open-worked balustrades. Then comes the Renaissance inspiration, on the side pavilion, with its antique columns and its extraordinary high and slender roof. Taller even than the stone facades they surmount, their height of 15 metres and their 79-degree slope are truly an architectural feat. The monument is home to paint-ings by illustrious artists and precious furnishings, successively passed on by nine families, without ever being sold. It is currently owned by the Marquis d'Oilliamson, the Scottish ancestors of whom came to France in the 15th century to take up arms to serve the king.

Honfleur

Vieux Bassin / *Old Harbour*

« À nul port ailleurs » dit-on ici ! Quoi de plus pittoresque et pictural en effet que cette concentration d'anciennes maisons de pêcheurs ou d'armateurs formant une haie d'honneur autour des bateaux et se reflétant dans les eaux mêlées de la Seine et de la mer. Le site n'a pas beaucoup changé d'aspect depuis la fin du XVIIe siècle. Honfleur s'affirma alors comme un des principaux ports de liaison avec la « Nouvelle-France », depuis que Samuel de Champlain y appareilla en 1608 afin d'établir une colonie à l'origine de la ville de Québec. Aussi le havre d'échouage de la petite cité normande dut céder la place à un bassin aménagé et à des logements. Le long du quai Sainte-Catherine, les maîtres d'œuvre compensèrent l'exiguïté des lots disponibles au revers des remparts médiévaux démolis en 1681 par une expansion en hauteur, allant jusqu'à sept niveaux d'habitation. Les façades y sont revêtues, ou essentées, selon le terme en usage dans la région, d'ardoise, au titre principalement d'isolation contre les dégradations causées par les embruns.

'A port like no other', they say locally! What more picturesque scene indeed than this concentration of old fishermen's or ship builders' houses forming a guard of honour around the boats in the harbour, their perfect reflection adorning the mixed waters of the Seine and the sea. There has been very little change to the site since the 17th century. At the time, Honfleur had become one of the key ports liaising with 'New France', since Samuel de Champlain had rigged up there in 1608 before setting sail to establish the colony that later became the city of Quebec. Hence, the grounding haven in this small Normandy town was to concede to the creation of a genuine harbour and residential quarters. Along St Catherine's dock, the contractors compensated for the narrowness of available lots beyond the medieval ramparts, demolished in 1681, by expanding vertically, up to seven inhabitable levels. The facades are covered with slate tiles, essentially for the purposes of insulation, to protect them from potential damage caused by the sea breeze.

Honfleur/Le Havre
Pont de Normandie

La Seine dérogerait quelque peu à son rang de fleuve roi de la région si elle n'était franchie autrement que par des ouvrages d'art d'une hauteur ou d'une portée exceptionnelle. Le pont Flaubert à Rouen, ainsi que ceux de Brotonne, de Tancarville et de Normandie sont autant d'arcs de triomphe jalonnant le parcours. Le dernier mentionné fut au moment de son inauguration en 1995 le plus long pont à haubans du monde, ses deux piles étant distantes de 856 mètres. Sa hauteur considérable, de 210 mètres, force également l'admiration. En dépit de ces dimensions cyclopéennes, la structure se distingue par sa légèreté, car les piles en béton et le tablier métallique qu'elles soutiennent au-dessus de la Seine sont creux. Au-delà de la prouesse technique, l'on retient la silhouette du pont, en accord avec le littoral proche ou le fleuve qu'il enjambe. N'évoque-t-elle pas, lorsque stagne à ses pieds la brume de fond de vallée, un navire flottant, avec ses deux mâts retenus à des cordages et dont la coque serait le tablier ?

The Seine might well lose caste in its role of royal regional river, were it not crossed exclusively by structures of exceptional height or span. The Flaubert Bridge in Rouen, together with the Brotonne, Tancarville and the Pont de Normandie are among the genuine triumphal arches along the way. When inaugurated in 1995, the Pont de Normandie was the longest cable-stayed bridge in the world, with its two piers at a distance of 856 metres from each other. Its considerable height of 210 metres is also worthy of admiration. Despite these titanic dimensions, its light and slender structure is quite remarkable, for the piers and metal deck that sustain the bridge over the Seine estuary are hollow. Over and above the great technical prowess involved, it is the bridge's outline, in perfect harmony with the nearby coast and the river, that strikes us most. When the low valley haze swathes its feet, is it not reminiscent of a floating ship, its two masts attached to the rigging, and the hull of which is represented by the bridge deck?

Lisieux

Basilique Sainte-Thérèse / *Basilica of Sainte-Thérèse*

« L'Étoile de mon pontificat. » Ainsi le pape Pie XI surnommait-il sainte Thérèse de l'Enfant Jésus, qui fut carmélite à Lisieux, lorsqu'elle accéda à la canonisation en 1925, moins de 30 ans après son décès. Cette reconnaissance suprême incita Mgr Lemonnier, archevêque de Lisieux et de Bayeux, à lancer une souscription pour l'édification d'une immense basilique qui lui serait dédiée. L'afflux des dons permit de poser la première pierre en 1929. L'architecte choisi, Louis Marie Cordonnier, fidèle à l'éclectisme cher au XIXe siècle, opta pour le style romano-byzantin. Il se référa à l'édifice le plus célèbre du genre, la basilique du Sacré-Cœur de Montmartre. Aussi le dôme et les mosaïques décoratives attestent l'influence des églises de Constantinople. En concession à la modernité, la basilique normande est surtout constituée de béton armé, mais le discrédit d'ordre esthétique dont il souffrait encore entraîna à l'extérieur sa dissimulation sous un parement de pierre. La guerre puis la priorité accordée aux reconstructions laissèrent le monument quelque peu inachevé. Il s'affirme cependant comme un des plus imposants édifices religieux du XXe siècle et le principal lieu de pèlerinage de France après le sanctuaire de Lourdes.

'The star of my pontificate'. Such was the epithet attributed by the Pope Pius XI to Saint Thérèse, who was a Carmelite nun in Lisieux, when she was canonised in 1925, less than 30 years after her death. Such supreme recognition spurred Monseigneur Lemonnier, Archbishop of Lisieux and of Bayeux, to launch a subscription to fund the construction of an immense basilica devoted to the saint. The rapid influx of funds enabled the foundation stone to be laid in 1929. Louis-Marie Cordonnier - the chosen architect - remained faithful to 19th-century eclecticism, by adopting a Romano-Byzantine style. He drew inspiration from the most famous edifice of the kind, the Basilica of the Sacred Heart in Montmartre, Paris. The influence of the churches of Constantinople is obvious on the dome and decorative mosaics. As a concession to modern construction techniques, the Norman basilica is essentially built of reinforced concrete, the aesthetic disgrace of which was concealed behind an exterior stone facing. The war, then the priority afforded to post-war reconstruction left the monument incomplete. It can nevertheless pride itself in being one of the most striking 20th-century religious edifices and the leading French pilgrimage destination after Lourdes.

Longues-sur-Mer

Batterie allemande / *German artillery battery*

Unique position d'artillerie allemande de la zone du Jour J conservant des pièces de gros calibre, la batterie de Longues est aussi l'une des rares à avoir engagé un duel contre la flotte alliée. Le site, selon le modèle courant du Mur de l'Atlantique, comprend quatre canons sous casemate en béton et placés à trois cents mètres du littoral afin d'échapper aux observateurs maritimes. Un poste de visée en bordure de falaise complète le dispositif. Les servants ripostèrent à l'aube du 6 juin 1944, avec des obus de 45 kilogrammes, aux salves des navires de protection des troupes qui débarquaient sur les plages d'Omaha et de Gold, obligeant le vaisseau amiral, le *Bulolo*, à reculer. En dépit des dégâts infligés par les lourds projectiles de marine, dont ceux lancés par un croiseur français, le *Georges Leygues*, la batterie tira 115 obus durant la journée. Ses artilleurs et défenseurs rescapés, au nombre de 120, se rendirent le lendemain aux fantassins britanniques.

The only German artillery position still with its high-calibre guns in the assault zone on D-Day, the Longues battery is also one of the rare ones to have engaged in a duel with the Allied naval fleet. As per the common model adopted along the Atlantic Wall, the site comprised four guns, housed in concrete casemates and positioned three hundred metres from the coast, in order to escape being spotted by naval lookouts. The system was completed with a firing command post on the edge of the cliff. At dawn on 6 June 1944, its gun servers retaliated with their 45kg shells, firing on the landing ships and barges that brought troops to Omaha and Gold Beach, and forcing the flagship HMS Bulolo *to retreat. Despite the destruction that resulted from the heavy naval bombardments, including from a French cruiser,* Georges Leygues, *the battery fired a total of 115 shells throughout the day. Among its gunners and defenders, 120 survived the attack, only to surrender the following day to the British infantry.*

Saint-Gabriel-Brécy
Château de Brécy

« Des atours d'une princesse italienne jetés sur les épaules d'une petite paysanne normande. » L'académicien Jacques de Lacretelle définissait ainsi le domaine de Brécy qu'il avait acquis en 1955. Le château semble en effet bien modeste, tandis que les jardins, vastes, ponctués de topiaires et de statues, dotés d'un parterre de buis taillés, s'apparentent à ceux des palais ultramontains de la Renaissance. Leur existence est pourtant bien attestée ici depuis les origines, vers 1650, à l'initiative de Jacques le Bas, magistrat caennais, et de son fils, chanoine de la cathédrale de Bayeux et qui voyagea en Italie. Rare création paysagère inspirée de l'art du XVIe siècle, elle s'en démarque toutefois par la disposition ordonnée le long d'un axe central, ainsi que par l'illusion d'un espace agrandi grâce à une succession de terrasses en taille croissante, annonçant l'apparition du jardin à la française.

'The attire of an Italian princess tossed on the shoulders of a little Norman peasant girl.' Such was the academician Jacques de Lacretelle's definition of the Brécy estate which he acquired in 1955. Indeed, the castle is of modest appearance, whilst the sumptuous gardens, punctuated with topiaries, statues and a pruned boxwood bed is reminiscent of those of Italian Renaissance palaces. However, there is proof of the existence of these gardens since the castle's origins, around 1650, upon the initiative of Jacques de Bas, a Caen-based magistrate, and of his son, canon of Bayeux Cathedral, who had travelled to Italy. A rare example of 16th-century landscaping art, its uniqueness lies in its orderly composition along a central axis, and in the illusion of a larger space, created by a succession of terraces of progressively larger dimensions, foreshadowing the emergence of the French formal garden.

Saint-Germain-de-Livet
Château

Les proportions gracieuses, l'architecture originale et la polychromie des matériaux élèvent ce château au rang de joyau du pays d'Auge. L'ouvrage défensif ancestral céda la place vers 1480 à un manoir en pans de bois, disposition souvent réservée en Normandie aux seigneurs qui n'avaient pas reçu l'autorisation de leur suzerain de construire un logis en pierre de taille et fortifié. Le manoir fut agrandi vers 1565 d'un châtelet et de trois ailes délimitant une cour intérieure. L'alternance de pierres et de briques vernissées rouges et vertes, que complètent des tuiles de mêmes tons, apparaît dans d'autres demeures augeronnes, mais elle compose avec les reflets dans les douves, les fleurs du jardin et les ramages des paons une harmonie de couleurs. L'on déplore que deux ailes Renaissance aient été détruites à la fin du XIXe siècle, par manque d'entretien ou pour dégager la vue. Le charme du château agit sur Julien Pillaut, haut fonctionnaire du ministère des Affaires étrangères. Il l'acheta en 1922, le restaura et y plaça des œuvres d'art et des meubles de son grand-père, le peintre Léon Riesner, et du cousin de ce dernier, Eugène Delacroix. La veuve de l'acquéreur céda le domaine à la ville voisine de Lisieux en 1957.

The gracious proportions, the original architecture and the polychrome materials of this castle are why it is referred to as the jewel of the Pays d'Auge. The ancestral defensive construction was replaced in 1480 by a half-timbered manor, a style often reserved in Normandy for the noblemen who had not been granted the right to construct a fortified stone-built lodge by their suzerain. The manor was extended circa 1565 with the addition of a barbican and three wings around an interior courtyard. The alternating stone and red and green varnished bricks, further enhanced by tiles of the same colours, can also be admired in other properties throughout the Pays d'Auge; however, this castle offers a quite singular harmony, thanks to the reflections of the surrounding moat, the floral garden and the resident peacocks. Regrettably, two Renaissance wings were destroyed in the late 19th century, due to neglect or to clear the view. Julien Pillaut, a senior official under the French minister of foreign affairs, succumbed to the castle's charm. He acquired the property in 1922, restored it and adorned it with furniture and works of art by his grandfather, the painter Léon Riesner, and by the latter's cousin, Eugène Delacroix. Julien Pillaut's widow conceded the estate to the nearby town of Lisieux in 1957.

Saint-Pierre-sur-Dives

Abbaye / *Abbey*

Avec ses bâtiments quasiment au complet, l'abbaye compte parmi les ensembles monastiques les plus remarquables de Normandie. Placé sous les auspices du pouvoir ducal par sa fondatrice, la comtesse Lesceline, grand-tante de Guillaume le Conquérant et disposant d'importants revenus fonciers, le monastère bénéficia de prestige et de prospérité. Aussi, ses moines, bénédictins, procédèrent-ils au XIIIe siècle à la construction de nouveaux logements et d'une abbatiale dignes de son rang. Les bâtisseurs conservèrent toutefois une tour de l'édifice roman, qui servait à l'origine de colombier, et la couvrirent d'une haute flèche. C'est essentiellement en l'état, marqué par le style gothique, que l'église ainsi que la vaste salle capitulaire, ont traversé le temps jusqu'à nos jours. En revanche, les autres élévations ont cédé la place aux XVIIe et XVIIIe siècles à celles encore en grande partie visibles. Elles abritent actuellement divers services municipaux, des installations culturelles et des expositions. Le chœur de l'église renferme un exceptionnel pavement, médiéval et polychrome formant une rosace.

The abbey buildings are still almost complete, which is why this particular abbey is one of Normandy's most remarkable monastic sites. Placed under the auspices of the ducal power by its founder, Countess Lesceline, William the Conqueror's great-aunt, the monastery benefited from considerable land income and, consequently, great prestige and prosperity. This enabled its Benedictine monks to build new residential quarters and a fittingly prestigious abbey church in the 13th century. The builders nevertheless preserved one tower from the original Romanesque edifice, hitherto used as a dovecote, which they surmounted with a high spire. And it is essentially in this state, marked in particular by Gothic architecture, that the abbey church and its vast chapter house have survived the centuries to the present day. However, in the 17th and 18th centuries, other elevations were replaced by those that can, for a vast share, still be admired today. They now house various council departments, cultural installations and exhibitions. The church choir boasts exceptional medieval polychrome paving in the form of a rosace.

La salle à manger, qu'éclaire un lustre fait de tôle peinte et de fleurs en porcelaine de Saxe, avec sa table garnie du service à dessert et pourvue d'assiettes en porcelaine de Paris.

The dining room, illuminated by a chandelier made of painted sheet metal and Meissen porcelain flowers, houses a table, which is set with a dessert service in Paris porcelain plates.

Vendeuvre
Château

Les délices de Vendeuvre combleront les visiteurs les plus exigeants ! Construit à partir de 1741, en tant que résidence d'été à l'intention d'Alexandre de Vendeuvre, le château possède certes de sobres façades mais, suivant l'usage alors en vigueur, elles ne laissent en rien présager l'opulence des décors intérieurs et du mobilier. En grande partie préservés durant la Révolution, ils permettent de saisir l'art de vivre au XVIIIe siècle au plus juste et avec d'autant plus d'authenticité que la demeure appartient depuis ses origines à la même famille. C'est à l'actuel comte de Vendeuvre que l'on doit la restauration du site ainsi que sa mise en valeur. L'on découvre notamment dans l'orangerie un exceptionnel ensemble de sept cents meubles et de milliers d'objets miniatures anciens réalisés à divers titres. Tout autant originale est la collection de niches luxueuses d'animaux domestiques, dont celle du chat d'une des filles de Louis XV. L'on ne saurait enfin clore la liste des attraits sans mentionner ceux du domaine, tels que le jardin à la française inspiré de celui existant au XVIIIe siècle, deux labyrinthes et un nymphée aux parois tapissées de 200 000 coquillages.

Vendeuvre is a truly delightful castle, sure to please the most demanding of visitors! Built as from 1741, as a summer residence for Alexandre de Vendeuvre, the castle's facades may well be of discreet design, but, as per the custom at the time, they are of no comparison with the opulent interior decor and furnishings. A vast share was spared during the French Revolution, offering us a faithful insight into the 18th-century art of living, rendered all the more authentic since the property has always belonged to the same family. The present-day Count of Vendeuvre is behind the site's restoration and valorisation. For example, the orangery houses an exceptional collection of seven hundred furniture pieces and thousands of old miniature objects produced for a whole variety of reasons. An equally original collection of luxurious pet kennels, including the one used by a cat belonging to one of the daughters of Louis XV. The list of attractions would not be complete without those of the estate itself, including the French formal garden, inspired by the former 17th-century garden, two mazes and a nymphaeum, the walls of which are adorned with 200,000 shells.

Beaumesnil
Château

Rare château d'époque Louis XIII conservé, Beaumesnil brille aussi par la qualité de son architecture et la splendeur de son cadre naturel. De la forteresse érigée vers 1250, il ne subsiste que la base d'une tour circulaire, aujourd'hui recouverte de buis taillé et aménagée en belvédère. Le château actuel fut construit en 1633 à l'initiative de Jacques Le Conte, gentilhomme de la chambre du roi, pour plaire à son épouse. Les façades, suivant le goût d'alors, présentent une alternance de parement de brique et de chainages de pierre, mais elles empruntent encore à l'art de la Renaissance les frontons et les divers reliefs. La profusion des sculptures extérieures est telle que Beaumesnil a valeur d'exemple architectural de la période baroque, que n'altèrent pas les deux pavillons d'angle ajoutés au XVIIIe siècle. Le château renferme d'intéressants décors, comme des boiseries au naturel d'époque Louis XV. Les salles évoquent aussi la passion pour la bibliophilie qu'entretenait le dernier propriétaire y résidant, Jean Fürstenberg, qui s'éteignit en 1982. Le musée de la reliure qu'il établit contient des pièces du procès de Ravaillac, le meurtrier d'Henri IV. Le domaine appartient de nos jours à la fondation créée par Jean de Fürstenberg.

Beaumesnil is a rare castle dating back to the reign of Louis XIII, the architecture of which rivals only with the splendour of its natural setting. Of the original fortress erected circa 1250, all that remains is the base of a circular tower, now covered with pruned boxwood and arranged as a belvedere. The present-day castle was built in 1633 under the impetus of Jacques Le Conte, a valet to the king, to please his wife. In keeping with the period vogue, the facades boast alternating brick and stone facings, yet still with pediments and different relief features inspired by Renaissance art. The profusion of outdoor sculptures is such that Beaumesnil is a genuine reference in Baroque architecture, which was pursued in the side pavilions added in the 17th century. The castle boasts interesting decorative features such as Louis XV natural wood panelling. Its rooms are perfectly evocative of the property's last owner and fervent bibliophile, Jean Fürstenberg, who died in 1982. The book binding museum he established comprises exhibits from the trial of Ravaillac who assassinated King Henri IV of France. Today, the estate is the property of the foundation created by Jean de Furstenberg.

Bec-Hellouin

Abbaye Notre-Dame du Bec / *Abbey of Our Lady of Bec*

Autant qu'à ses rues fleuries et à ses maisons à colombages, l'inscription du Bec-Helloin au registre des plus beaux villages de France tient à son abbaye bénédictine. L'on y admire de vastes salles voûtées et reconstruites aux XVIIe et XVIIIe siècles, ainsi que le clocher, haut de 45 mètres, édifié à la fin du Moyen Âge et vestige de l'église démantelée à partir de 1809. Outre ses qualités architecturales, le monastère doit sa renommée à une activité spirituelle et culturelle brillante. Elle s'y épanouit dès le XIe siècle grâce aux enseignements du prieur Lanfranc puis à ceux de l'abbé Anselme, lequel devint investi archevêque du prestigieux diocèse de Cantorbéry, sitôt l'Angleterre en possession de Guillaume le Conquérant. Ce titre honorera à nouveau par deux fois les abbés du Bec-Hellouin. Après un siècle et demi d'interruption de la vie monastique et de dégradations matérielles qui suivit la Révolution, l'abbaye, devenue propriété de l'État, fut affectée en 1948 à une communauté bénédictine. Les 13 moines actuellement présents rétablissent la valeur intellectuelle associée au lieu en promouvant le dialogue œcuménique, particulièrement avec l'église anglicane.

The village of Le Bec-Helloin's listing as one of the Most Beautiful Villages of France is owed equally to its floral streets and half-timbered houses as it is to its splendid Benedictine abbey. Visitors can admire its vast vaulted rooms, rebuilt in the 17th and 18th century, together with its 45 metre-high belfry, built in the Late Middle Ages and a vestige of the early church which was demolished as from 1809. Over and above its architectural qualities, the monastery's renown also stems from its outstanding spiritual and cultural activities. As early as the 11th century, it benefited from the teachings of the prior Lanfranc, then of an abbot - Anselm - who was later invested Archbishop of the prestigious Diocese of Canterbury, shortly after William the Conqueror took the throne of England. The abbots of Bec Abbey were twice elevated to this distinguished title. Following the French Revolution, after a century and a half of interrupted monastic life and material damage, the abbey became the property of the French State and was occupied by a Benedictine community as from 1948. The 13 monks still resident in the abbey restored the site's intellectual value by promoting ecumenical dialogue, in particular with the Anglican Communion.

Évreux

Cathédrale Notre-Dame / *Notre-Dame Cathedral*

Sévèrement éprouvé par les vicissitudes de l'histoire, le monument se releva brillamment de chacune d'entre elles. De la troisième cathédrale, bâtie à partir de 1125, il subsiste principalement les arcades en plein cintre, à la manière romane, de la nef. Le reste disparut dans des incendies, provoqués en 1195 et 1198 lors de la reconquête des possessions anglaises en France par Philippe-Auguste. Le chœur et la nef actuels, à la mode gothique, construits au XIIIe siècle, furent repris à l'issue d'un nouvel assaut des flammes durant la guerre de Cent Ans. Les travaux se prolongèrent à l'extrême fin du Moyen Âge, avec la façade en pierre du transept nord, comme un hymne à la gloire du style gothique flamboyant. Les XVIe et XVIIe siècles enfin complétèrent ce répertoire des formes par les tours de la façade, d'inspiration antique, laquelle était alors appréciée. L'évolution architecturale de la cathédrale se figea ensuite. Victime de bombardements par l'aviation allemande en juin 1940, elle fut même restaurée à l'identique. Cependant, l'intégration de nouveaux éléments se poursuit, comme les grandes orgues de facture résolument moderne et inaugurées en 2006.

Severely tested by the trials and tribulations of history, the monument survived each and every one with panache. Of the third cathedral, built around 1125, the main remaining vestiges are the Romanesque style semicircular arcades in the nave. The others were lost in fires, set in 1195 and 1198 when Philip Augustus reconquered French possessions from the English. The present-day Gothic choir and nave, built in the 13th century, were repaired after further fire damage during the Hundred Years' War. Work continued up to the end of the Late Middle Ages, including the stone facade on the north transept, as if in an ode to the glory of the Flamboyant Gothic style. Finally, the 16th and 17th centuries completed this genuine repertoire of architectural styles with the facade towers, of antique inspiration which was highly appreciated at the time. The cathedral's architectural evolution then remained stagnant. A victim of the 1940 bombardments by the German aviation, it was restored to its original state. However, the integration of new elements continued, including the resolutely modern great organs inaugurated in 2006.

Gaillon
Château

Outragé, mutilé, dépecé, le château n'en demeure pas moins imposant et riche de reliefs finement sculptés, attestant de son heure de gloire. Initialement forteresse médiévale, comme l'indiquent la présence de douves et sa situation au sommet d'une butte, puis embellit par les archevêques de Rouen qui y établirent leur résidence estivale, le château acquit toute sa splendeur à l'initiative de l'un d'entre eux, le tout puissant cardinal Georges Ier d'Ambroise, conseiller principal du roi Louis XII et vice-roi du Milanais. Séduit par l'art ultramontain et ses références à l'Antiquité, il en devint même son principal promoteur en France et convia au chantier de Gaillon des décorateurs italiens, ouvrant ainsi la voie aux châteaux de la Renaissance. Devenu carrière de pierre lors de la Révolution, puis prison et enfin caserne, la lente agonie du château prit fin en 1970 quand l'État l'acheta et entreprit de le restaurer. Les visiteurs pourront prolonger la découverte dans divers monuments prestigieux, tels que la basilique de Saint-Denis, les musées du Louvre et du Metropolitan de New York, où sont exposées d'éminentes œuvres d'art en provenance de Gaillon.

Although abused, mutilated and dismembered, the castle is no less striking and its finely carved features bear elegant witness to its hour of glory. Initially a medieval fortress, as indicated by the presence of a moat, together with its location, on the top of a mound, it was later embellished by the Archbishops of Rouen who established their summer residence there. The castle was endowed with all its splendour upon an initiative by one of them, the extremely powerful Cardinal Georges d'Amboise, leading adviser to King Louis XII and viceroy in Milan. Intrigued by Italian art and its references to Ancient history, he concurrently became its greatest advocate in France, inviting Italian decorators to the Gaillon construction site, hence paving the way to Renaissance style castles. It became a stone quarry during the French Revolution, then a prison and, finally a military barracks. Yet the castle's slow agony was eventually relieved, when the French State acquired the site and undertook to restore it. Visitors can pursue their discovery of Gaillon over a tour of many other prestigious monuments, such as the Basilica of Saint-Denis, the Louvre and the Metropolitan Museum of Art in New York, which all display eminent works once housed within the castle.

Giverny

Maison et jardin de Claude Monet / *The house and gardens of Claude Monet*

Aucune autre maison d'artiste ne jouit d'autant de notoriété. Plus de 600 000 visiteurs se pressent ici durant la belle saison. L'on vient à la découverte de l'intimité du maître de l'impressionnisme qui vécut dans cette ancienne masure agricole durant 43 ans, soit la moitié de sa vie, en compagnie de sa seconde épouse et de leurs huit enfants. L'on s'y rend également pour déambuler dans les deux jardins, lieux où s'exprime toute la créativité de Claude Monet, puisque composés selon ses directives précises, afin de satisfaire à son agrément et surtout à ses recherches picturales. Le premier d'entre eux, le Clos Normand, est une sorte de vaste bouquet où prédominent, dans l'ordre de floraison, tulipes, iris et dahlias. Ici se déclinent toutes les nuances de la gamme chromatique, que le peintre transposa sur toile en un exercice de style maintes fois répété. L'autre jardin fut aménagé d'après des estampes japonaises. Il passa à la postérité grâce à ses nénuphars, appelés aussi nymphéas, qui inspirèrent à Monet environ 250 tableaux où la dissolution apparente de la matière dans les jeux de reflets annoncent l'art abstrait.

No other artist's home can claim equal fame. In the summer season, over 600,000 visitors flock to see it. They come to discover the more intimate life of the master of Impressionism, who lived in this former farmstead for 43 years - half of his life - in the company of his second wife and their eight children. The visit includes a stroll through the property's two gardens, where all Claude Monet's creativity was fully expressed, for they were created as per his specific instructions, in order to satisfy not only his pleasure, but also his pictorial research. The first garden, the Clos Normand, resembles a huge landscaped bouquet where, in order of their yearly blossom, we can admire, tulips, irises and dahlias. It is home to all the hues of the chromatic scale which the artist transposed onto his canvases in a stylistic exercise he repeated, time and time again. The other garden was inspired by Japanese prints. Posterity will remember him for his water lilies, or 'Nymphéas', which inspired around 250 of Monet's paintings, in which the apparently dissolved features and play on reflection prefigured abstract art.

Le pont du jardin japonais, recouvert de glycines uniquement au début du mois de mai, est le sujet de 45 tableaux de Monet. / The footbridge in the Japanese garden, which is covered with wisteria only in early May, is the theme of 45 paintings by Monet.

Harcourt
Château

Construit du XIIe au XIVe siècle, le monument conserve une fière allure. On imagine sa grandeur et sa puissance lorsqu'il disposait de tous ses corps de bâtiment, formant un ensemble polygonal et que 12 tours surmontaient le rempart de la basse-cour. Une telle forteresse ne pouvait appartenir qu'à d'éminents seigneurs. Il s'agissait en l'occurrence de ceux de la famille d'Harcourt, un des plus anciens lignages de la noblesse et qui détint plusieurs grandes demeures, dont celle de Champ de Bataille située à proximité. Suivant le destin de nombreux châteaux forts, la fonction défensive et l'aspect austère des lieux s'effacèrent au profit d'un caractère plus résidentiel lorsqu'en 1695, la propriétaire, Françoise de Brancas, fit démanteler plusieurs ailes et habiller celles subsistantes de nouvelles façades côte cour. La noblesse du site tient à son histoire, mais aussi à sa nature environnante, puisqu'elle comprend un *arboretum* de 11 hectares, crée en 1802 et riche d'environ 500 espèces d'arbres, vieux pour certains de 200 ans ou atteignant 40 mètres de haut.

Built from the 12th to the 14th century, this splendid monument still stands proud. One can imagine its grandeur and all its strength when it was still endowed with all its early buildings, which formed a polygonal ensemble, and when the lower courtyard ramparts still boasted their 12 towers. Such a fortress could only belong to eminent lords. And it did indeed, to the Harcourt family, one of the oldest noble lineages and owners of several fine properties, including the nearby Château de Champ de Bataille. Just like many other fortified castles, its defensive purpose and austere aspect gradually gave way to a more residential character when, in 1695, the castle's owner, Françoise de Brancas, had several wings demolished and had the remaining buildings adorned with new facades on the courtyard side. The sheer majesty of the site stems not only from its history, but also from the natural environment within which it stands, comprising an 11-hectare arboretum, created in 1802 and home to around 500 different tree species, some of which are 200 years old or of a height of some 40 metres.

Hauville

Moulin / *Windmill*

On ne voit que lui à des kilomètres à la ronde, émergeant des champs de céréales ondulant au vent, tel un phare dans la houle légère ! Bâti à la demande des moines de l'abbaye voisine de Jumièges, car source de rentes, le moulin balise le plateau du Roumois depuis le XIIIe siècle. Reconstruit plusieurs fois au cours de son histoire, puis réduit à l'état de ruine au cours des années 1880, son sort émut les dirigeants du parc naturel régional de Brotonne, sensibles à sa valeur historique. Il est en effet probablement le plus ancien moulin à vent de France. Ses bienfaiteurs entreprirent en 1984 de restituer le toit et son système pivotant, afin de permettre aux ailes de s'orienter face au vent, ainsi que de le doter de meules et de leurs engrenages. Aussi le visiteur ne manquera-t-il pas de se procurer un paquet de farine dans la chaumière contiguë et produite dans le seul moulin à vent de Haute-Normandie en fonctionnement.

It is all you can see for miles around, as it emerges from the crop fields as they sway with the wind, like a lighthouse amidst a gentle swell! Built upon orders from the monks of the nearby Jumièges Abbey as a source of income, the mill has offered a landmark indicating the Roumois plateau since the 13th century. Rebuilt several times throughout its history, then reduced to ruins in the 1880s, its fate finally fell into the hands of the administrators of the Brotonne Regional Natural Park, who were sensitive to its historic value. Indeed, it is most likely the oldest windmill in France. In 1984, its benefactors undertook to rebuild the roof and the rotary system, in order to enable the vanes to be positioned against the wind and to endow it with millstones and the associated gear. As a visitor, don't forget to buy a packet of flour in the nearby thatched cottage, produced by Normandy's only remaining operational windmill.

Le Neubourg
Champ de Bataille

Ce château porte bien son nom, même si l'origine de celui-ci demeure énigmatique ! C'est en effet un combat titanesque que son propriétaire actuel mena, contre les outrages du temps, afin de restituer un domaine complet, jardins et collections artistiques compris, qu'un souverain ne renierait guère. La demeure, érigée pour le comte Alexandre de Crequi et achevée en 1665, se compose de deux ailes, dont une servant de communs, côté cour. Le site du Champ de Bataille se mourrait lorsqu'en 1992, le décorateur Jacques Garcia l'acquit. Il y conduisit des travaux de restauration et de création qui durèrent 20 ans. Le visiteur peut désormais appréhender au plus juste l'atmosphère d'un palais d'Ancien Régime, par l'abondance et la qualité des œuvres présentées. La même magnificence éclate dans les jardins à la française, replantés d'après un dessin attribué à Le Nôtre. Aux effluves du Grand Siècle et de Versailles se mêlent ceux venus d'Orient, dans le vaste pavillon Moghol. Inspiré par les forteresses de Delhi et d'Agra, il enserre un bassin évoquant un lac sacré et renferme d'innombrables objets anciens des Indes.

This castle is appropriately named, even if the origin of this denomination remains somewhat a mystery! Indeed it was an immense combat that its present-day owner undertook, against the ravages of time, in order to completely restore an estate, including its gardens and artistic collections, truly worthy of a sovereign. Erected for the Count Alexandre de Crequi, and completed in 1665, the castle is comprised of two wings, one of which was used as outbuildings on the courtyard side. The site of Champ de Bataille was in a sorry state when, in 1992, it was acquired by the decorator Jacques Garcia. He conducted creative and restoration work over a 20-year period. Today, visitors can truly delve into the atmosphere of a genuine Old Regime palace, thanks to the abundance and the quality of the masterpieces presented there. The French formal gardens, replanted as per a plan attributed to Le Nôtre, offer the very same splendour. Moods from the Grand Siècle and the Palace of Versailles rub shoulders with oriental influences in the vast Mogul pavilion. Inspired by the fortresses of Delhi and Agra, it stands alongside a pond, evocative of a sacred lake, and houses countless old objects from the East Indies.

Le salon d'Hercule où les marbres et le plafond peint font résonner l'écho des grands appartements de Versailles. / *The marble features and painted ceilings in the Hercules drawing room are reminiscent of the finest apartments at Versailles.*

Le salon de Compagnie renferme des meubles et objets d'art du XVIIIe siècle de la meilleure facture ainsi que des portraits de Louis XVI et de membres de sa famille. / *The drawing room houses 18th-century furnishings and objets d'art of exceptional quality, together with portraits of Louis XVI and members of his family.*

Les Andelys
Château-Gaillard

La forteresse devait être inexpugnable selon le souhait de Richard Cœur de Lion, souverain d'Angleterre, duc de Normandie et détenteur par héritage de vastes territoires en France. Il fit bâtir le château en deux ans, à partir de 1197, afin de contenir l'élan de reconquête du roi Philippe-Auguste par la vallée de la Seine. Un fortin avancé protège le flanc contigu à un plateau, d'où l'ennemi pouvait manœuvrer. Un large fossé sépare l'avant-poste de l'ouvrage principal comprenant un donjon. Celui-ci est entouré d'un rempart de type inédit : il est festonné pour éviter les angles morts. Philippe-Auguste se résolut à assiéger la citadelle. Après cinq mois de siège, les trois cents défenseurs demeurèrent inflexibles, mais l'avant-poste fut investi. Quelques semaines plus tard, les assaillants s'introduisirent par surprise dans la cour du château fort. Ils créèrent alors une brèche dans l'enceinte du donjon puis forcèrent sa porte. Les ultimes défenseurs se rendirent le 6 mars 1204. La prise de la citadelle scella l'absorption de la Normandie par le royaume de France.

The fortress was to be impregnable, as per the wishes expressed by Richard the Lionheart, King of England, Duke of Normandy and the lord of vast territories throughout France, through legacy. He had his castle built in two years, as from 1197, in order to counter the French King Philip Augustus's urge to reconquer Normandy via the Seine Valley. A small advanced fort protected the flank adjacent to a plateau, from where the enemy could manoeuvre. A wide ditch separated the advanced fort from the main courtyard which included a keep. It was surrounded by a truly original festooned bailey, to avoid blind angles. Philip Augustus therefore decided to besiege the citadel. After five months of siege, the three hundred defenders remained staunchly resistant; however, the advanced fortification was invaded. A few weeks later, the assailants penetrated the upper courtyard by surprise. They then created a breach in the keep enclosure and forced open the gate. The last remaining defenders surrendered on 6 March 1204. The capture of Château-Gaillard sealed the fate of Normandy, thereafter attached to the Kingdom of France.

Pressagny-l'Orgueilleux
Château de la Madeleine

Rare château dominant la Seine, entouré de la forêt de Vernon qui couvre presque cinq mille hectares, le monument a de quoi séduire les âmes romantiques, d'autant plus qu'une belle légende s'y attache. On prête à Adjutor, petit-fils du seigneur local, la fondation d'un monastère dédié à sainte Madeleine. Celle-ci l'avait soustrait à ses ravisseurs orientaux, durant la première croisade, et le conduisit à travers les cieux jusqu'ici. Il se libéra alors de ses chaînes et les jeta dans le fleuve, lequel formait à cet endroit un tourbillon empêchant toute navigation. L'obstacle disparut instantanément. Aussi Adjutor fut-il sanctifié et devint le patron des mariniers. Le château actuel, bâti durant le Second Empire, à l'initiative du baron Thénard, l'inventeur de l'eau oxygénée, comporte des lucarnes rehaussées de mosaïques à fond d'or. Des travaux menés par son acquéreur en 1981 sauvèrent le monument de la ruine. Des chambres d'hôtes y sont désormais proposées.

A rare castle overlooking the Seine and surrounded by the Vernon Forest, which stretches across almost five thousand hectares, this monument has all the ingredients to charm any romantic spirit, and a fascinating legend too! The foundation of a monastery dedicated to Saint Madeleine is attributed to Adjutor, grandson to the local lord. During the First Crusade, the saint had saved him from his Eastern abductors and brought him here across the skies. He freed himself of his chains and threw them in the river, at a spot where a whirlpool prevented any boats from passing. The obstacle instantly disappeared. Hence, Adjutor was sanctified and became the patron saint of mariners. The present-day castle, built during the Second French Empire upon the initiative of Baron Thénard, the inventor of oxygenated water, comprises dormer windows adorned with gilded mosaic. Work undertaken by its new owner in 1981 saved the castle from ruin. Today, two guest rooms are available for visitors.

Vascœuil
Château

Que l'on ne se méprenne guère ! Le château de Vascœuil, édifié à la fin du Moyen Âge, avec son parc aux arbres séculaires et son jardin au tracé régulier, ne se tient pas drapé dans un superbe isolement et n'est pas un lieu sage où l'on voudrait que la fuite du temps y soit figée. Il suscite en réalité l'effervescence intellectuelle et s'affirme comme un foyer de créations d'avant-garde. Cette vocation puise ses origines dans les séjours que fit ici à partir de 1841 Jules Michelet, pionnier de la science historique, sur invitation de la propriétaire, puis de son fils, quand celle-ci s'éteignit. La pièce au sommet de la tour octogonale de guet devint la thébaïde de l'auteur ; il y mûrit ses ouvrages. La salle, reconstituée en l'état, ainsi qu'un musée installé dans la dépendance à pans de bois rendent hommage à celui dont le crédo était de « ressusciter le passé ». La relation qu'entretint Vascœuil avec la pensée moderne fut renouée en 1970, cinq ans après que l'avocat François Papillard se portât acquéreur du site et qu'il l'eût restauré. Les salles et jardins, ainsi que le colombier du XVIIe siècle à la charpente complexe, servent désormais d'écrin à des réalisations d'artistes contemporains renommés.

Let there be no mistake! Built in the late Middle Ages, the Château de Vascœuil, the grounds of which are home to centuries-old trees and a formal garden, does not stand draped in a superbly secret spot and is not a wise place where we dream of seeing time stand still. No, it is a breeding ground for intellectual effervescence and an asserted hub of avant-garde creation. This vocation originates from the regular visits paid, as from 1841, by Jules Michelet, a pioneer of historic science, following invitations from the castle's owner, then, upon her death, from her son. The room that stands at the summit of the octagonal watch tower became the author's retreat, the place where he let his work mature. Restored to its original state, the room, together with the museum installed in the half-timbered outbuildings, pay due homage to the man whose credo was to 'resuscitate the past'. Vascœuil's relationship with modern philosophy was renewed in 1970, five years after the lawyer François Papillard acquired and restored the site. The castle's rooms and gardens, together with the 17th-century dovecote - boasting a complex roof structure - now serve as the perfect set for creative inspiration among renowned contemporary artists.

Vernon
Château de Bizy

On mesure la magnificence du château initial par ce qu'il en subsiste, principalement les vastes écuries au porche d'entrée monumental et le jardin qui les précède, comportant statues, cascade et fontaines. Construit pour un conseiller d'État vers 1680, la demeure de Bizy devint un palais après qu'elle eût été acquise par le maréchal de Belle-Isle, petit-fils du surintendant Fouquet, puis par le duc de Penthièvre, cousin fortuné du roi et qui y mourut durant la Révolution. Le bâtiment central n'échappa guère alors au démantèlement. Le général d'Empire Le Suire le reconstruisit en le simplifiant, puis Louis-Philippe, petit-fils du duc de Penthièvre, récupéra le bien familial, modifia les deux ailes et planta le jardin à l'anglaise. En 1860, le baron Schikler, banquier et nouveau propriétaire du domaine, lui redonna de l'éclat en remplaçant le corps de logis central au profit de l'actuel, d'inspiration palladienne, modèle peu courant en Normandie et en y plaçant de remarquables boiseries d'époque Régence. Son petit-neveu et héritier, le duc d'Albufera, arrière-petit-fils du maréchal Suchet, paracheva l'œuvre par l'extension des ailes jusqu'aux écuries, délimitant ainsi une basse-cour et donnant à l'ensemble bâti une forme assez inédite. Le site appartient encore de nos jours aux descendants du duc d'Albufera.

The magnificence of the early castle can be measured by what remains: essentially the vast stables, with their monumental entrance porch, and the preceding garden, boasting statues, waterfall and fountains. Built circa 1680 for a Councillor of State, Bizy became a palace after its acquisition by Charles Fouquet, Duke of Belle-Isle and Marshal of France, the grandson of the Superintendent Fouquet, then by the Duke of Penthièvre, a wealthy cousin to the king, who died during the French Revolution. The main building then suffered due dismantling. General Le Suire rebuilt and simplified the property, then Louis-Philippe, who was the Duke of Penthièvre's grandson, recovered the family asset, altered the two wings and planted a landscaped garden. In 1860, the property's recent owner, the banker Baron Schikler, offered the castle new lustre by replacing the main building with the present-day one, of Palladian inspiration, a style rather uncommon in Normandy, and by installing remarkable Regency-style wood features. His great-nephew and heir, the Duke of Albufera - great-grandson of the Marshal of France, Louis-Gabriel Suchet - completed work by extending the wings so that they met with the stables, hence creating a courtyard and offering the architectural ensemble a truly original aspect. Today, the site remains the property of the Duke of Albufera's descendents.

Vieux-Moulin / *Old Mill*

Suspendue au-dessus de la Seine, la situation particulière de cette masure aux pans de bois n'exprime en rien la fantaisie de son commanditaire ! Elle servait de moulin qu'actionnait par dessous une roue à aubes et de hauteur ajustable selon le niveau des eaux. La Seine accusait en effet d'importantes variations de profondeur avant la mise en service de barrages au XIXe siècle. Ce type de pressoir était courant dans la région et se rencontrait généralement sur des ponts. Les vestiges d'arches et de piles attestent ici de la présence d'un tel ouvrage d'art. Probablement construit au XIIe siècle, il comportait un tablier en bois et supportait deux autres moulins qui, eux, n'échappèrent pas à la destruction du pont vers 1800 car considéré comme dangereux. La vision d'une maison si incongrue et pittoresque agit fortement dans l'esprit d'un illustre voisin, Claude Monet. Il la représenta, dès son installation à Giverny en 1883, sur une toile aujourd'hui conservée aux États-Unis.

Literally suspended above the waters of the Seine, the quite singular location of this half-timbered agricultural building is in no way an expression of its initiator's imagination! It was originally used as a mill, the paddle wheel of which could be adjusted depending on water level. At the time, before dams were set up in the 19th century, the depth of the Seine was subject to considerable variations. This type of press was commonplace in the region and was generally seen on bridges. Vestiges of the original arches and piers bear witness to the presence of such a bridge. Probably built in the 12th century, it comprised a timber deck and supported two other mills which were destroyed along with the bridge around the year 1800, the latter being considered too dangerous. This scene, of such an improbable and picturesque house, did not fail to arouse the artistic spirit of an illustrious neighbour, Claude Monet. As soon as he settled in Giverny, in 1883, he painted the scene on a work that is now displayed in the United States.

Château des Tourelles

Associé aux vestiges du pont surmonté d'un moulin à pans de bois, le château ajoute au charme des bords de Seine à Vernon. Il souligne aussi l'intérêt stratégique qu'avait naguère le lieu. Sitôt la Normandie revenue dans le giron français en 1204, après que les Anglais en furent évincés de haute lutte, le roi Philippe-Auguste décida en effet d'édifier une place forte destinée à défendre le pont enjambant la Seine le plus en amont de la province reconquise. La bâtisse elle-même était alors protégée côté berge par une enceinte et sur les trois autres faces par des marais formant douves. Son élévation, à plan carré, est cantonnée de tourelles circulaires en forte saillie, réduisant ainsi les angles morts. Cette agencement assez singulier semble marquer une transition entre la tour traditionnelle et celle de type annulaire, facilitant la visée des archers, apparue à la fin du XIIe siècle. Outre son usage militaire, le monument devait servir de résidence pour un dignitaire de haut rang, ainsi que le suggère la présence de sculptures élaborées dans la grande salle du premier étage.

Associated with the vestiges of the bridge upon which stands a half-timbered mill, this castle adds further charm to this site on the banks of the Seine, in Vernon. It also highlights the site's former strategic location. As soon as Normandy became part of the Kingdom of France in 1204, and after the English had been routed out, the French King Philip Augustus decided to have a fortification built, aimed at defending the bridge over the Seine located further upstream of his reconquered province. The building was protected on the river side by an enclosure and, on the three other sides, by marshes that formed a moat. Its square elevation is flanked by notably protruding circular towers, hence reducing blind angles. This quite singular layout seems to mark the transition between the traditional tower and the annular type tower, facilitating access for bowmen, which appeared in the late 12th century. Over and above its military purpose, the monument was to serve as a place of residence for a high-ranking dignitary, as suggested by the presence of sculptures in the main hall on the first floor.

Barfleur

Son territoire communal est le plus petit du département de la Manche et sa population n'excède pas les 600 âmes, mais le village de Barfleur jouit d'attraits et de notoriété. Il serait ainsi le lieu de construction du *Mora*, le navire amiral de la flotte normande lors de la conquête de l'Angleterre en 1066. Barfleur était en effet la principale cité portuaire de Normandie et le demeura jusqu'au rattachement de la province à la France en 1204. Elle comptait alors environ 10 000 habitants. S'il ne reste que très peu de vestiges de l'époque médiévale, le village actuel a conservé bon nombre de maisons anciennes en granit qu'habitaient des pêcheurs. Elles se singularisent par le crochet métallique fixé en hauteur afin d'y suspendre les filets, ainsi que par un décor d'épis de faîtage sculptés et de tuiles faîtières vernissées. La qualité et l'unité de l'architecture, associées au charme du port et des paysages granitiques avoisinants ont permis à Barfleur de figurer dans la liste très convoitée des plus beaux villages de France.

The communal territory covered by Barfleur is the smallest in the department of Manche, and its population does not exceed 600. Yet, the village offers many an attraction and considerable renown. It was the construction site of the Mora, the flagship that led William's fleet during the Norman Conquest. Barfleur was, indeed, Normandy's leading port, and it remained so until the duchy became part of the kingdom of France in 1204. At the time, it was home to around 10,000 inhabitants. Although very few medieval vestiges remain, the present-day village boasts a great number of old granite-built houses and fishermen's homes. The latter can easily be recognised by the presence of a high metallic hook, used to hang fishing nets, together with carved finials and varnished ridge tiles. The quality and the unity of its architecture, associated with the charm of the harbour and surrounding granite landscapes, have offered Barfleur a place on the greatly coveted list of the Most Beautiful Villages of France.

Cap de La Hague / *La Hague Headland*

Bien paisible est le bocage de la pointe de la Hague. Seuls des arbres aux branches inclinées et des murets en pierre se substituant aux haies typiques de Normandie signalent que le vent règne ici et préparent le visiteur en route vers le littoral à y découvrir la force des éléments. Les superlatifs ne manquent pas pour le décrire. Ainsi, les falaises, culminant à 128 mètres, comptent parmi les plus élevées d'Europe. En outre, les grondements sourds de l'écume courant sur les récifs rappellent que le détroit séparant le continent de l'île d'Aurigny et large de 15 kilomètres est soumis à un des plus puissants courants au monde, le raz Blanchard. L'on notera enfin que le site est particulièrement haut en couleur. Au camaïeu vert-bleu de la nappe liquide répondent les variations ocre des falaises en gneiss et les tons chauds des coteaux en retrait. Ils conservent en effet, à la fin de l'été, quelques bruyères pourpres tandis que les fougères virent au roux. Ce paysage demeuré vierge d'urbanisation s'apprécie depuis le sentier des Douaniers, où à défaut des représentants de la loi pourchassant naguère les contrebandiers qui dissimulaient du tabac dans des grottes en contrebas, l'on peut croiser quelques-unes des uniques chèvres sauvages de France.

The La Hague headland stands amidst a peaceful bocage landscape. Only the trees with their inclined branches and the low stone walls that replace Normandy's typical hedgerows, tell us that, here, the wind is master, and prepare the visitor heading for the coast for the wild elements to come. It would take too many superlatives to describe this site. Hence, the cliffs, as they loom from their 128 metres, are among the highest in Europe. Then the dull rumbling of the sea spume as it swathes the reef reminds us that the 15 kilometre-wide strait separating the Continent from the island of Alderney - the Raz Blanchard - is subjected to one of the world's strongest currents. Finally, the site is a remarkably colourful one. The blue-green hues of the sea contrast with the variations in ochre of the gneiss cliff face and the warm tones of the inland slopes. For indeed, at the end of the summer, a few purple heathers can be admired alongside the rusty autumn ferns. This landscape, salvaged from any form of urbanisation, can be best admired from the customs path where lawmen once hunted out the smugglers who stashed away their tobacco treasures in the caves below, and where lucky walkers can now steal a glimpse of France's only wild goat.

Le port d'échouage de Goury et sa station de sauvetage en mer munie d'une double rampe de lancement de canots.

The dry harbour in Goury and the lifeguard station, equipped with a double launch ramp for speedboats.

Le nez de Jobourg. / *The Nez de Jobourg.*

L'anse du Culeron et la baie d'Écalgrain en arrière-plan. / *The Culeron cove with the Écalgrain Bay in the background.*

Cherbourg-en-Cotentin

Théâtre à l'italienne / *Italian Theatre*

Tout comme le Moyen Âge fut le temps des cathédrales, par élan spirituel, le XIXe siècle, marqué par une aspiration aux loisirs, fut l'âge des théâtres. Devenu signe de prospérité, chaque ville se devait de construire le sien et de le parer tel un palais. Celui de Cherbourg n'a que tardivement surgit de terre, en 1882, mais il est un des plus luxueux, ce qui lui valut le surnom, autant élogieux que sarcastique, de théâtre d'or. Il n'a d'ailleurs que peu à envier au chef-d'œuvre du genre qu'est l'opéra Garnier de Paris. Une certaine ressemblance avec l'illustre modèle apparaît même dans la salle, à travers l'aspect des loges d'avant-scène, prévues pour le maire et le préfet maritime, encadrées de cariatides sculptées, ainsi que par le lustre colossal, rehaussé ici de sept mille cristaux. De surcroît, la peinture de la coupole, exaltant des muses, a pour auteur Georges Clairin, un des signataires des décors du monument parisien. Resplendissant, doté comme la plupart des théâtres de son époque d'une salle évasée, dite à l'italienne, laquelle permet une réception acoustique et une vision satisfaisantes, affichant la capacité considérable de six cents spectateurs, le théâtre de Cherbourg connut pourtant quelques déboires d'exploitation. De récentes restaurations devraient lui conférer une meilleure reconnaissance.

Just as the Middle Ages had been a period of cathedrals, the spiritual impetus of the 19th century, with a particular trend towards leisure pursuits, was the age of theatres. In a new symbol of prosperity, each worthy town had to build its own and to adorn it like a genuine palace. In Cherbourg, although it was late to emerge - only in 1882 - it is one of the most luxurious, hence its as laudatory as it is sarcastic epithet of 'théâtre d'or', or golden theatre. Indeed, it has very little reason to be envious of the masterpiece of its kind, the Palais Garnier in Paris. There is a certain resemblance with its illustrious model in this theatre, in the aspect of its proscenium boxes, reserved for use by the mayor and the maritime prefect and enclosed within carved caryatids, together with the colossal chandelier, made of seven thousand crystals. Furthermore, the painting on the cupola, exalting the muses, is by Georges Clairin, one of the artists to have signed decors in the similar Parisian monument. Resplendent, it is endowed, like most of its contemporaries, with a radiating theatre hall, referred to as Italian style, which offers quality acoustics and viewing, and providing an impressive capacity of six hundred spectators. Yet, Cherbourg's theatre met with a few ups and downs during its use. Recent restoration promises to offer it with improved recognition.

Gatteville-le-Phare

Phare de Gatteville / *Gatteville Lighthouse*

Marins et seigneurs embarquèrent joyeux à bord de la *Blanche Nef*, le 25 novembre 1120, pour une traversée de la Manche au départ de Barfleur. Ils burent du vin plus que de raison, sans compter avec la traitrise des courants et des écueils du raz de Barfleur. Le bateau sombra, emportant la fine fleur de la noblesse anglo-normande, dont l'héritier du trône d'Angleterre. Ce naufrage est le plus retentissant d'une longue série. Un premier salut vint en 1774, avec la construction d'un fanal de 25 mètres de haut et au sommet duquel un feu signalait la position à éviter, mais le dispositif s'avéra insuffisant. Aussi, en 1828 un phare fut-il élevé à sa proximité, le second plus haut d'Europe à ce jour et culminant à 75 mètres, apte à recevoir le système à lentilles optiques concentrant le faisceau lumineux, nouvellement inventé par l'ingénieur normand Fresnel et d'une portée maximale ici de 50 kilomètres. Repère rassurant dans l'espace, l'ouvrage est aussi une balise du temps. Ne compte-t-on pas autant de marches que de jours, autant de fenêtres que de semaines ou autant de niveaux que de mois durant une année ?

Seamen and noblemen alike joyfully boarded the Blanche Nef in Barfleur, on 25 November 1120, to cross the English Channel. Not only did they drink unreasonable quantities of wine, they also fell victim to the perfidious currents and reefs of the Barfleur Strait. The vessel sank, taking with it the pride of Anglo-Norman nobility, including the heir to the throne of England. Such was the most noteworthy of a long series of shipwrecks. The first guardian angel came in 1774, with the construction of a 25 metre-high lantern, the summit of which housed a light indicating the position to be avoided. However, it proved insufficient. Then, in 1828, a 75 metre-high lighthouse was built nearby, the second highest in Europe at the time, equipped to house the optic lens system concentrating light beams, freshly invented by the Norman engineer Fresnel and offering a maximum range of 50 kilometres. A reassuring landmark, the structure was also a marker of time. For does it not have as many steps as there are days in the year, as many windows as there are weeks and as many levels as there are months?

Granville

Ville Haute / *High Town*

Éperon rocheux marquant l'extrémité de la vaste baie du Mont-Saint-Michel, l'on ne saurait trouver en Normandie de site à plus forte valeur stratégique que celui-ci. Aussi, les Anglais l'investirent-ils en 1439, le ceignirent de murailles et en firent un avant-poste défensif des territoires acquis dans la région lors de la guerre de Cent Ans. C'est au sein de cet espace clos que s'exprima, du XVIe siècle jusqu'aux années 1820, la vocation maritime de Granville, par l'édification de résidences de corsaires et d'armateurs de morutiers. La qualité et l'unité de l'ensemble complètent le riche patrimoine architectural des quartiers avoisinants, où se bousculent d'élégantes villas construites lors de la genèse du tourisme balnéaire et empruntant aux styles régionaux ou historiques.

A rocky spur that marks the extremity of the vast Mont Saint-Michel Bay, no other site in Normandy is of greater strategic importance. It is of no surprise that the English invaded it in 1439, surrounded it with walls, transforming it into a defensive outpost to protect the territories they had captured in the region during the Hundred Years' War. It was within this enclosure that Granville's maritime vocation emerged, materialised from the 15th century to the 1820s by the construction of homes to privateers and cod fishing boat owners. Quality and unity epitomise the town centre, whilst the wealth of architectural heritage in the neighbouring quarters comprises elegant villas built upon the onset of the sea bathing vogue and borrowing typical regional or historic features.

Îles Chausey

Un chaos minéral, un bouillonnement d'écume pétrifiée jaillissant d'un dédale de chenaux et de bancs de sable. Telles sont les îles Chausey. Tourmenté, exubérant, le paysage est aussi changeant et vivant, car rythmé par des marées d'une amplitude presque sans égale en Europe. Chausey retient son souffle lorsqu'enflent les flots. La plupart des 365 îles dont on se plait à croire qu'est constitué l'archipel disparaissent alors sous les flots azur pour ressembler à un atoll des antipodes. Ce choc de titans entre la pierre et la mer a surtout pour spectateurs des créatures amphibies, crabes et homards notamment. L'humanité vivant ici à l'année se réduit à une dizaine d'individus, pêcheurs ou retraités, réunis sur la Grande Île, longue de 1,5 kilomètre, et propriétaires de la majeure partie de l'archipel par le biais d'une société immobilière créée en 1919. L'on peine toutefois à imaginer que ce qui s'apparente à un sanctuaire naturel fut jusqu'au XIXe siècle occupé par plusieurs centaines de barilleurs, affairés à extraire et brûler le goémon pour en extraire de la soude, ainsi que de carriers débitant des blocs de granit, d'une qualité si appréciée qu'ils servirent à construire le Mont-Saint-Michel ou à parer les trottoirs parisiens.

A mineral chaos, a whirlpool of petrified spume, gushing forth amidst a maze of channels and sandbanks. Such are the islands of Chausey. Tormented, and exuberant, the landscape is as changing as it is lively, punctuated by tides of almost unrivalled amplitude in Europe. As the waters ebb and flow, Chausey holds its breath. Most of these 365 islands and islets said to comprise the archipelago disappear as the turquoise waters swell, forming what resembles an atoll from another continent. The spectators of this constant battle between the stone and the sea are essentially amphibious creatures, crabs and lobsters in particular. Human occupation here is now reduced to a dozen or so individuals, fishermen or retired inhabitants, reunited on the 1.5 kilometre-long Grande Île. Via a property company founded in 1919, they are the owners of a vast share of the archipelago. It is difficult to imagine that this territory akin to a natural sanctuary was, up to the 19th century, occupied by several hundred kelp gatherers who game to collect and burn wrack to produce soda ash, together with quarrymen who extracted blocks of granite, of such an appreciated quality that they were used to build the Mont-Saint-Michel and to cover the pavements of Paris.

La baie des Veys / *The Bay of Veys*

Il faut être un homme volant ou alors un courlis cendré, un pluvier argenté, un bécasseau variable ou tout autre oiseau fréquentant la baie des Veys pour profiter au mieux de sa splendeur. Ce n'est en effet qu'affranchi de la pesanteur que l'œil embrasse toute l'étendue du site, large de quatre kilomètres, et qu'il distingue les subtilités du paysage lorsque, deux fois par jour, s'efface la nappe liquide. Les bancs de sable alternent alors avec des vasières et des marais, tandis que les ultimes divagations de quatre fleuves, la Taute, la Vire, l'Aure, la Douve, dessinent un espace réticulé. Les nutriments qu'ils charrient, conjugués au brassage des eaux douces et salées par l'action des forts courants des marées, bénéficient à toute la chaîne alimentaire, dont les huîtres, élevées en grand nombre et au seigneur des lieux, le phoque veau-marin. Plus d'une centaine de spécimens, constituant la plus importante colonie de France après celle de la baie de Somme, se repaissent dans les bancs de mulets et se dorent au soleil afin de favoriser la mue du pelage.

Only a flying man, or perhaps a Eurasian curlew, a grey plover, a dunlin or any other local bird species can fully appreciate the great splendour of the Bay of Veys. Indeed, it is only when freed from the laws of gravity that the eye can fully embrace the sheer dimensions of this site, stretching over four kilometres, and distinguish all the subtle details of this landscape when, twice a day, its liquid mantle ebbs away. The sandbanks then alternate with the mud banks and marshes, whilst the ultimate meanders of the four rivers, the Taute, the Vire, the Aure and the Douve, form a woven landscape. The nutriments they carry, together with the fusion of fresh and sea water facilitated by the strong tidal currents, benefit an entire natural food chain, including oysters, which are farmed in great quantities, and the genuine king of the castle here, the sea lion. Over a hundred specimens, forming France's largest colony after the Bay of Somme, peacefully live and feed in the mullet banks, where they 'sunbathe' to facilitate moulting.

La côte des Havres / *The Havens Coast*

Les dunes ourlant la côte ouest du Cotentin offrent un refuge bien modeste face aux assauts de la houle et du vent lancés à travers tout l'océan Atlantique. La nature dans sa bienveillance a toutefois ménagé huit échancrures le long du littoral où règne une certaine quiétude, propice aux interactions entre la terre et la mer, entre l'homme et le milieu ambiant aussi. Ces sites particuliers, appelés havres, sont des estuaires de fleuves courts et au faible débit. Les bancs de sable, chenaux et marais s'y entrelacent et se découvrent au gré des marées. Des animaux, batraciens, oiseaux, moutons de prés-salés, mais aussi des plantes rares comme une espèce d'orchidée, ou abondantes, notamment la salicorne, comestible et que l'on vient cueillir, sont les maîtres des lieux, tout comme la tangue, sorte de vase sableuse utilisée au titre d'engrais. Malheureusement, les havres sont menacés de comblement, par accumulation de sable d'origine éolienne, phénomène que le changement climatique pourrait précipiter, ainsi que par drainage insuffisant, dû entre autres à la diminution d'extraction de tangue. Il ne reste qu'un siècle pour sauver certains havres.

The dunes that form a cordon on the west coast of the Cotentin peninsula offer a modest haven against all the wind and the swell of the Atlantic Ocean. However, mother nature has benevolently offered eight natural harbours along the coast, where a tranquil atmosphere reigns, propitious to interactions between land and sea, and between humans and this natural habitat. These quite singular sites, referred to as havens, are the estuaries of short rivers of modest flow. The sandbanks, channels and marshes intertwine and unveil their secrets in time with the tides. Animals, batrachians, birds, salt meadow sheep, but also rare plants such as wild orchids, or abundant, such as salicornia - an edible plant that many come to gather - are all the kings of the castle here, as is the surrounding 'tangue' or sea sand, also used as a fertiliser. Sadly, these havens are threatened by a filling phenomenon, caused by the accumulation of sand brought in by the winds, one that may well be accelerated by climate change, and by insufficient draining, caused in particular by decreased sea sand extraction. Only a century remains for us to salvage certain havens.

Le Havre de Regnéville, profond de 5 kilomètres et couvrant 1 800 hectares, est le plus vaste havre du Cotentin.

The Regnéville haven, of a depth of 5 kilometres and covering 1,800 hectares, is the largest natural harbour in the Cotentin peninsula.

Le Havre de Port-Bail. /
The Portbail haven.

Le havre de Surville, formé de l'estuaire de la Dure, fleuve de moins de 10 kilomètres de long, est le plus petit des havres de la côte occidentale du Cotentin. Il s'étend sur 70 hectares. / *The Surville haven is a natural harbour formed by the estuary of the Dure, a river less than 10 kilometres long, and is the smallest haven on the western Cotentin coast.*

Le Mont-Saint-Michel / *The Mont-Saint-Michel*

Certains lieux hostiles ont le pouvoir de stimuler la foi et de décupler ses énergies bâtisseuses. Tel est le cas d'un îlot abrupt, dénommé à l'origine le mont Tombe et sorte d'incongruité géologique implantée dans une vaste baie dont les puissantes marées, les sables mouvants et la brume subite constituent autant de pièges. L'archange Michel s'y trouva pourtant fort à l'aise. N'est-il pas en effet le gardien des milices célestes, le saint que l'on célèbre généralement sur des hauteurs ? Il aurait en 708 intimé l'ordre à Aubert, l'évêque d'Avranches, de lui édifier ici un sanctuaire. Le prélat obtempéra et prit pour modèle la grotte du mont Gargan en Italie, le plus ancien site de culte en Occident dédié au saint. Le mont attira dès lors de nombreux pèlerins et moines et se couvrit de constructions tout au long du Moyen Âge. L'exiguïté et le relief du terrain imposèrent une expansion pyramidale, comme soulignant l'élan spirituel ; elles entraînèrent également le recours à des prouesses architecturales. Ainsi, l'église, à la nef romane et au chœur gothique, repose en grande partie sur des cryptes, tandis que les salles abbatiales de la « Merveille », édifiées au début du XIIIe siècle, se superposent à flanc de rocher.

Certain hostile sites have that special power to stimulate faith and to multiply the energy of their builders. Such is the case of this abrupt islet, originally referred to as Mont Tombe, an improbable geological feature standing amidst a vast bay, the strong tides, the sinking sand and the sudden sea haze of which are all terrible traps. Yet the archangel Michael was quite comfortable here. For was he not indeed the guardian of the army of God, and the saint that is generally venerated in high places? In the year 708, he is said to have ordered Aubert, the Bishop of Avranches, to build a sanctuary here. The prelate obeyed and, as a source of inspiration, used the Monte Gargano grotto in Italy, the oldest site of worship of the saint in the Western world. St Michael's Mount immediately drew many pilgrims and monks, and was covered with new buildings throughout the Middle Ages. The narrowness of its streets and the relief were propitious only to pyramidal expansion, as if to highlight spiritual impetus, bringing a number of fine examples of architectural prowess. Hence, the church, which boasts a Romanesque nave and a Gothic choir, stands essentially on crypts, whereas the superimposed monastic buildings of the 'Merveille', built in the early 13th century, clutch to the rock face.

Les prés-salés sont le domaine de moutons à la chair appréciée, mais les moines de l'abbaye, soumis à la règle de saint Benoît, n'en consommaient probablement pas. Ils en appréciaient toutefois la peau, comme support aux fameux manuscrits enluminés et rédigés dans le scriptorium.

The salt meadows are home to many sheep, the meat of which is highly popular; however, the abbey monks, under the Rule of Saint Benedict, most likely never consumed it. But they did appreciate their hide, which was used as a medium for the famous illuminated manuscripts drafted in the scriptorium.

Montfarville

Église Notre-Dame / *Church of Notre-Dame*

Les grands sites de Normandie ne se révèlent pas tous au premier regard ! Qui pourrait ainsi soupçonner qu'au revers des sobres façades de la petite église d'un village de 850 âmes, se trouve un des plus vastes ensembles picturaux de toute la région ? S'y déploient sur l'intégralité de la voûte de l'édifice, reconstruit au XVIIIe siècle, 18 images peintes entre 1879 et 1881 sur toiles marouflées et représentant la vie du Christ. Leur auteur, Guillaume Fouace, artiste cotentinois, menait carrière à travers divers genres et styles. En l'occurrence, la vivacité des tons, le traitement des proportions et des perspectives, la répartition des personnages empruntent ici à des compositions de Raphael au Vatican, au point que d'aucuns voient dans l'église de Montfarville une héritière artistique de la cité du Saint-Siège. Le commanditaire du décor, l'abbé Goutière, admira vraisemblablement les œuvres du maître lorsqu'il séjourna à Rome et appréciait les créations de la Renaissance italienne en général. Aussi, Fouace satisfit-il à son goût en reproduisant la *Dernière Cène* par Léonard de Vinci dans le chœur.

The great sites of Normandy are not all obvious at a first glance! Who could imagine that behind the discreet walls of a small village of only 750 inhabitants, lies one of the leading pictorial collections of the entire region? Throughout the edifice's entire vaulting, rebuilt in the 18th century, some 18 images painted from 1879 to 1881 on marouflaged canvases, representing the life of Christ. The Cotentin-born artist, Guillaume Fouace, made his career from a range different styles and genres. The vitality of the colours, the manner in which he worked with proportions and perspective, the positioning of characters all proffer his work with similarities with that of Raphael in the Vatican, to such an extent that some even consider the church of Montfarville as an artistic heir to the Capital of the Holy See. The man who commissioned the work, Abbot Goutière, most likely admired the work of Raphael when visiting Rome, developing a liking for Italian Renaissance creations in general. Hence, Fouace sought to satisfy his artistic penchant by reproducing da Vinci's Last Supper *in the choir.*

Pirou
Château

Les incursions vikings depuis le littoral proche, entre les IXe et XIe siècles, durent considérablement marquer les esprits pour qu'une centaine d'années après la fin des troubles un si puissant ouvrage défensif fût érigé. Il opposait à toute velléité d'assaut cinq portes fortifiées ainsi que trois fossés, dont seul subsiste le plus proche de la bâtisse et qui se pare en été d'un voile vert de lentilles d'eau. Quoique modifié par l'adjonction de deux corps de logis au revers de l'enceinte, l'un vers 1600 et l'autre en 1708, le monument a conservé son ordonnance médiévale et peut être considéré comme un des plus vieux châteaux de Normandie. Parvenu à l'état de ruine, il fut acquit en 1966 par Marcel Lelégard, abbé et historien de la région, lequel mena ensuite l'essentiel des travaux de restauration. Il passa également commande d'une broderie narrant la conquête du Sud de l'Italie par les Normands au Moyen Âge. L'œuvre, réalisée à la main durant 16 ans par une infirmière, à la technique et au style calqués sur ceux de la Tapisserie de Bayeux, est exposée dans une dépendance du château.

The Viking incursions on the nearby coast, from the 9th to the 11th century, must have left an indelible mark for such a powerful defensive edifice to be built a hundred years after the unrest. It defied any urge to assault by means of five fortified gates and three ditches, of which only the one closest to the main building remains. In the summer, it is swathed in a green veil of duckweeds. Although modified by the addition of two lodges beyond the enclosure, one circa 1600 and the other in 1708, the monument has preserved its medieval layout and can be considered as one of the oldest castles in Normandy. In a state of ruins, it was acquired in 1966 by Marcel Lelégard, an abbot and regional historian who initiated a vast share of restoration work. He also commissioned an embroidery telling the story of the Norman conquest of Southern Italy, during the Middle Ages. Entirely hand-embroidered over 16 years by a nurse, using techniques and a style inspired by the famous Bayeux Tapestry, the work is exhibited in one of the castle outbuildings.

Saint-Sauveur-le-Vicomte
Château

Tant par son architecture que par son histoire, le château est un dépositaire majeur du souvenir de la guerre de Cent Ans. Ainsi, en 1346, Geoffroy d'Harcourt, puissant vicomte de Saint-Sauveur et propriétaire de la forteresse datée du XIIe siècle, prêta allégeance au roi d'Angleterre, puis facilita le débarquement et le passage en Normandie des troupes ennemies du royaume de France. Le château échut alors à John Chandos, commandant les troupes anglaises, qui fit bâtir le donjon au plan carré, conformément au modèle courant en Normandie. Après un siège d'un an en 1375, mené par l'amiral Jean de Vienne et en recourant à l'artillerie naissante, les défenseurs se rendirent au roi de France Charles V. Celui-ci entreprît de reconstruire les parties endommagées. En 1418, les Anglais assiégèrent le château à leur tour et le reconquirent. Ils le confièrent alors au chevalier Robersart, lequel fit construire le châtelet muni d'une lourde herse et coiffé d'un toit à double pente. Passée la guerre de Cent Ans, le château perdit son intérêt stratégique et tomba en décrépitude. Le côté sud, avec le donjon, le châtelet, la chapelle et la tour dite d'Aillet, demeure toutefois bien conservé et forme un ensemble médiéval imposant.

Both for its architecture and its history, this castle is a major custodian of the story of the Hundred Years' War. In 1346, Geoffroy d'Harcourt, the powerful Viscount of Saint-Sauveur and owner of this 12th-century fortress, swore allegiance to the King of England, then facilitated the landing and advance through Normandy of the Kingdom of France's enemy. The castle then fell into the hands of John Chandos, commander of the English troops, who had a square keep built, as per the standard model in Normandy at the time. After a one-year siege in 1375, led by the Admiral Jean de Vienne and making use of brand new artillery techniques, the defenders finally surrendered to Charles V of France, who undertook to rebuild the castle's damaged elements. In 1418, the English in turn besieged the castle, to reconquer it. They entrusted it to a knight named Robersart, who had a barbican built, comprising a heavy portcullis and surmounted by a gable roof. After the Hundred Years' War, the castle was no longer of any strategic importance and fell into decay. The south side, including the keep, the barbican, the chapel and the Aillet tower, are nevertheless well preserved and form a striking medieval architectural ensemble.

St-Sauveur-le-Vicomte

Saint-Vaast-la-Hougue

Île Tatihou / *The Island of Tatihou*

Tatihou est une île à mi-temps ! Les flots ne l'isolent du Cotentin qu'à marée haute, recouvrant alors les parcs à huitres avoisinants. Elle reste accessible toutefois en permanence, grâce à un curieux véhicule amphibie. Ce relatif éloignement valut à Tatihou, au nom d'origine viking, d'abriter un lazaret construit en 1721 où des marins demeuraient en quarantaine avant de débarquer sur le continent. L'établissement resta actif jusqu'au Second Empire et devint musée maritime en 1992, année du tricentenaire de la bataille navale de la Hougue, qui se déroula à proximité et que remporta l'escadre anglo-hollandaise contre la flotte française. La défaite incita Louis XIV à protéger la rade de Saint-Vaast et chargea Vauban de superviser l'édification de deux fortins placées aux extrémités du site, dont celui de Tatihou, lequel sert de nos jours de lieu d'exposition. Riche de son patrimoine historique, l'île est aussi un site naturel remarquable fréquenté par 150 espèces d'oiseaux et compte un jardin des plantes du littoral normand et de pays exotiques couvrant sept hectares.

Tatihou is a part-time island! The tide only separates it from the Cotentin peninsula at high tide, covering the nearby oyster farms. Yet, it remains accessible at all times, via a rather curious amphibious vehicle. This relative distance earned Tatihou, the name of which is of Viking origin, the right to house a lazaret, built in 1721, where seamen were placed in quarantine before landing on the Continent. The establishment remained operational up to the Second French Empire, to become a maritime museum in 1992, the year that marked the tricentenary of the nearby Battles of Barfleur and La Hougue, opposing an Anglo-Dutch alliance and the French fleet. The French defeat led Louis XIV to protect the natural harbour in Saint-Vaast and to entrust Vauban with supervision of the construction of two small forts at each of the site's extremities, including Tatihou, today an exhibition venue. Over and above its rich historic heritage, the island is also a remarkable natural site, home to one hundred and fifty different bird species and comprising a seven-hectare botanic garden with plants typical of the Normandy coast and others, from exotic locations.

Bagnoles-de-l'Orne

Les vertus de ses eaux sont reconnues depuis le Moyen Âge, mais ce n'est qu'à la fin du XIXe siècle, grâce à la création de la ligne ferroviaire entre Paris et Granville ainsi qu'à l'essor des cures, que naquit la station thermale de Bagnoles-de-l'Orne. Les résidences luxueuses, inspirées par l'architecture normande traditionnelle ou les styles anciens, essaimèrent, tandis que du côté de la vaste forêt d'Andaine, le lac, crée en 1611 pour les besoins d'une forge, devint le cœur battant de la vie mondaine. Élégantes et *gentlemen* pouvaient y croiser des têtes couronnées au sortir du Grand Hôtel, assister aux courses à l'hippodrome attenant ou tenter de remporter la mise au casino. Homme d'affaires avisé, l'américain Frank Jay Gould entreprît même en 1927 la construction d'un casino supplémentaire. Œuvre remarquable du style Art déco, il est aussi désormais le seul établissement de ce type en fonction du département de l'Orne. Unique station thermale du Nord-Ouest de la France, la petite cité normande attire de nos jours 13 000 curistes chaque année, qui s'immergent autant dans les eaux apaisantes que dans l'atmosphère surannée des lieux.

The healing properties of water are acknowledged since the Middle Ages, but it was only in the late 19th century, thanks to the creation of the Paris - Granville railway line and the emerging hydrotherapy trend, that the spa resort of Bagnoles-de-l'Orne was born. Luxurious homes, inspired by traditional Norman architecture or older styles, burgeoned, whilst - by the nearby Andaine forest - the lake created in 1611 for the purposes of a forgery became the beating heart of a high-society town. Elegant ladies and gentlemen could rub shoulders with the royal figures who took up residence at the Grand Hôtel, watch the horses at the nearby racecourse or try their luck at the casino. An informed American businessman, by the name of Frank Jay Gould, even undertook to build a second casino in 1927. A remarkable example of Art Deco style, it is now the only establishment of its kind still in operation in the department of Orne. This small town and unique thermal spa resort in Northwestern France attracts around 13,000 spa patients every year, who come equally to benefit from its soothing waters as from its old-time atmosphere.

Batilly/Serans
Ménil-Glaise

L'orne, le fleuve le plus long et au débit le plus élevé de Normandie après la Seine, n'est encore qu'un modeste cours d'eau lorsqu'il parvient au Ménil-Glaise, la porte d'entrée de la Suisse normande. Il doit alors s'écouler dans un terrain formé de roches dures, de schistes notamment, en se frayant un passage entre des escarpements abrupts de pierre. L'on comprend donc que le point d'accès à cette région reçut un ouvrage défensif. Les vestiges des bases de deux tours d'un château fort, probablement édifié vers 1200, apparaissent en effet dans le prolongement d'une demeure de la fin du XIXe siècle et d'inspiration médiévale. La valeur stratégique du Ménil-Glaise a cessé d'exister depuis longtemps et dans ce site, bucolique à souhait, la nature y reconquit même ses droits depuis la destruction en 2013 d'un barrage de moulin retenant les alluvions et perturbant la circulation de la faune aquatique. Désormais, les moules perlières d'eau douce, les loutres et autres espèces rares sont les bénéficiaires de la pureté retrouvée des eaux de l'Orne.

The Orne, Normandy's longest and fullest river after the Seine, is but a modest waterway when it passes by Le Ménil-Glaise, the gateway to the Suisse Normande area. Then it flows into a land of hard rock, slate in particular, fighting its way between the steep stone escarpments. We can therefore fully grasp why the entrance point to this quite singular area was endowed with a defensive site. The vestiges of the bases of two towers of a fortified castle, probably built circa 1200, can be seen by a late 19th-century property of medieval inspiration. The strategic advantage of Le Ménil-Glaise has, long since, ceased to be of importance in this picturesquely bucolic site where nature has taken over since the destruction, in 2013, of a mill dam that once retained the alluvium and disrupted the evolution of aquatic fauna. Today freshwater pearl mussels, otters and other rare species can take full advantage of the newfound purity of the Orne waters.

Carrouges
Château

Les abords bucoliques et le jardin aux parterres composés contrastent avec la sobriété de l'architecture. L'on admire toutefois l'harmonie et l'unité des volumes. Hormis le donjon, datant du XIVe siècle, le monument possède une aile de la fin du Moyen Âge bâtie en briques, matériau alors prisé, élevée à la demande de Jean Blosset, un proche du roi Louis XI, lequel séjourna ici en 1473. Le château comprend également trois corps de logis ajoutés vers 1600 et reprenant le style des constructions plus anciennes. L'on notera la présence d'un châtelet curieusement éloigné et réalisé vers 1500 pour le compte de Jean Le Veneur, comte-abbé de Lisieux et abbé du Mont-Saint-Michel entre autres titres. Cet édifice possède des façades plus décorées, rehaussées de briques polychromes et de lucarnes sculptées aux motifs annonçant l'art de la Renaissance. Propriété de l'État depuis 1936, le château contient d'assez nombreux meubles et portraits.

The bucolic surroundings and formal gardens strike a contrast with this castle's subdued architecture. Yet, we can admire the harmony and unity of its volumes. Over and above the 14th-century keep, the monument comprises a wing dating from the Late Middle Ages built of bricks - a highly popular construction material at the time - upon orders from Jean Blosset, a close acquaintance of Louis XI, who stayed here in 1473. The castle also comprises three lodges, added circa 1600, in the same style as the site's older buildings. The strangely distant barbican, built circa 1500 for Jean Le Veneur, Count and Abbot of Lisieux and Abbot of the Mont Saint-Michel among other titles, is also worthy of interest. Its facades are more elaborately decorated, enhanced with polychrome bricks and carved dormer windows, the motifs of which foreshadow Renaissance art. Property of the French State since 1936, the castle boasts several furniture pieces and portraits.

La Chapelle-Montligeon

Sanctuaire Notre-Dame de Montligeon / *Shrine of Our Lady of Montligeon*

C'est au cœur d'une région agreste que se dresse un des plus imposants monuments de Normandie. En 1884, l'abbé Buguet, curé du village, qui prêchait pour le salut des âmes du purgatoire, fonda une institution afin que des messes fussent célébrées à leur intention et en un lieu dédié. Il s'en alla lever des fonds auprès de fidèles en Europe et outre-Atlantique. Une vaste église néo-gothique, inspirée de la cathédrale de Sées, put ainsi être érigée et elle accéda dès sa consécration en 1928 au rang de basilique. Elle possède de remarquables vitraux aux thèmes liés à l'au-delà, réalisés entre 1912 et 1978 en une évolution stylistique perceptible. Un corps de logements, aux dimensions et à l'ordonnance générale l'apparentant au château royal de Fontainebleau, servait initialement à l'administration de l'œuvre. Il accueille désormais des pèlerins et des personnes en deuil. L'abbé Buguet entendit également étendre son projet salvateur au niveau temporel, en proposant du travail aux ouvriers miséreux de sa paroisse. Il fit par conséquent édifier un bâtiment, parallèle au flanc de l'église, à l'usage de l'impression des bulletins de l'œuvre. L'activité cessa en 2009.

One of Normandy's most striking monuments stands in the heart of a rustic region. In 1884, Abbot Buguet, the village priest, who prayed for the saviour of souls in purgatory, founded an institution so that mass could be celebrated for them in a specific, devoted site. He set off to raise funds with believers in Europe and America. A vast neo-Gothic church, inspired by Sées Cathedral, could therefore be built and was raised to the rank of basilica upon its consecration in 1928. It houses remarkable stained glass windows, the themes of which convey heaven, produced from 1912 to 1978 in a perceptibly changing style. The lodge, of similar dimensions and layout as the Château Royal de Fontainebleau, was initially used for administrative purposes. Today, it welcomes pilgrims and bereaved visitors. Abbot Buguet also fully intended to extend his project's temporal authority, by proposing work for the miserable labourers of his parish. He therefore had another building created, parallel to the side of the church, for bulletins to be printed. Activity permanently ceased in 2009.

Le Pin-au-Haras

Haras du Pin / *Haras du Pin National Stud*

« Le Versailles du cheval » surnomme-t-on le haras du Pin, tant il symbolise une forme d'excellence et tant il doit à Louis XIV. Celui-ci, convaincu que l'essor économique et militaire du pays reposait sur l'augmentation du nombre d'équidés et l'amélioration de leurs qualités, fonda en 1665 un haras près de Paris. Comme il s'avéra que les pâturages ne convenaient guère, un autre établissement lui succéda en 1715 sur le domaine de la seigneurie du Pin, situé dans le Perche, région traditionnellement dévolue à l'élevage. Les bâtiments, réalisés selon les plans de Robert de Cotte, premier architecte du roi, comprennent un château, où loge le directeur, que bordent deux écuries ; l'une affectée aux animaux de selle et l'autre à ceux de carrosse. Le plus ancien des 14 haras nationaux de France demeure aujourd'hui une institution active où vivent 200 chevaux. Lieu de recherche et de formation liées à la reproduction, des spectacles, compétitions, démonstrations de dressage y sont également organisés. Le haras sert enfin de conservatoire de races, parmi lesquelles figure le robuste percheron, l'emblème de la région.

'Versailles for horses', such is the epithet attributed to the Pin National Stud, a fine symbol of excellence which owes a great deal to Louis XIV. The French king, convinced that the country's economic and military strength relied on increasing the number of its horses and improving their quality, founded a stud farm near Paris in 1665. As it turned out, the pastures were unsuitable and a second establishment was created in 1715, in the estate belonging to the seigniory of Le Pin, located in the Perche area, a traditional breeding ground. The buildings were designed by Robert de Cotte, first architect to the king, and included a castle, where the director was accommodated, flanked by two stables, one for saddled horses, the other for draught horses. The oldest of France's 14 national studs remains to this day a highly active institution, home to 200 horses. It is also a hub of research and training associated with reproduction, and a venue for equestrian shows, competitions and dressage demonstrations. Finally, the stud farm was used as a conservatory for breeds, among which the robust Percheron, the region's emblematic horse.

Mortrée

Château d'Ô

Son nom, réduit à une lettre, l'incline à la modestie, mais le château s'accommode plutôt d'une certaine démesure. Celle-ci apparaît déjà dans la largeur des douves, car elles résultent de la transformation d'un étang. Il comportait une île où fut édifiée une forteresse à l'intention probable de Robert d'Ô, un proche du père de Guillaume le Conquérant. Seules subsistent les fondations de l'ouvrage. Ses élévations cédèrent la place, sitôt la fin des affres de la guerre de Cent Ans, à celles d'un logis d'agrément. Il se distingue par des lucarnes ouvragées à la mode du gothique tardif et surtout par les toitures à l'allongement extrême, semblant défier les lois de l'équilibre. La notion d'exubérance liée au monument provient également d'un de ses occupants, François d'Ô, puissant dignitaire de la cour des Mignons d'Henri III et débauché notoire. Il entama la construction du pavillon en briques et pierres et organisa des fêtes si somptueuses qu'elles contribuèrent à la ruine du maître des lieux. Plus sage fut l'écrivain Jacques de Lacretelle qui acquit le domaine en 1973, alors qu'il menaçait ruine, afin d'entreprendre une profonde restauration. Elle permit de dégager de splendides peintures murales.

Although its name, reduced to one single letter, inclines it towards modesty, this castle is proud to flaunt all its extravagance. The first sign is the width of the moat, for it is the result of the transformation of a former pond. In the centre of the pond stood an island, upon which a fortress was built, most likely on behalf of Robert d'Ô, one of William the Conqueror's father's close circle. Only the foundations remain today. Immediately after the Hundred Years' War, it was replaced by a residential manor. Its originality lies in the stoneworked dormer windows in late Gothic style and, in particular, its extremely high roofing, which almost defies the laws of balance. The notion of exuberance associated with this monument also lies in one of its residents, François d'Ô, a powerful dignitary who was among Henri II of France's 'Mignons', in other words, his favourites, and a renowned libertine. He launched the construction of the stone and brick pavilion and organised receptions that were of such luxury that they contributed towards his financial demise. The wiser and more mannerly author, Jacques de Lacretelle, who acquired the estate in 1973 - at the time virtually in ruins, undertook its in-depth restoration, unveiling some splendid mural paintings.

Saint-Christophe-le-Jajolet
Château de Sassy

S'il apparaît clairement que la belle ordonnance du jardin constitue un attrait, le site séduira aussi les visiteurs par ses décors intérieurs. Construit à partir de 1760, en lieu et place d'une demeure du XVIIe siècle, dont il ne reste plus que les deux pavillons d'entrée, le château renferme d'anciennes tapisseries des Gobelins et d'Aubusson, un retable médiéval des Flandres et la belle bibliothèque aux trente mille ouvrages du duc Pasquier. Grand serviteur de l'État durant une cinquantaine d'années et comblé d'honneurs, en dépit des changements de régimes, le duc acquit Sassy lorsqu'il se retira des affaires en 1848. Il aimait à y séjourner avec sa compagne, la comtesse de Boigne, dont les mémoires éclairent l'histoire de la monarchie de Juillet. Les descendants indirects du duc, qui possèdent encore la demeure et les huit cents hectares du domaine, ajoutèrent l'aile latérale ainsi que le jardin. Ils firent appel pour ce dernier, en 1920, au paysagiste Achille Duchêne, connu pour ses créations inspirées de celles de l'époque de Louis XIV. On y retrouve ainsi les parterres de buis délicatement taillés et un effet de perspective, favorisée par l'étagement en terrasses du terrain.

Whilst the fine contours of its garden are an unquestionable source of attraction, the site also charms visitors thanks to its interior decoration. Built as from 1760, on the site of a former 17th-century property, of which only two entrance pavilions remain, this castle houses old Gobelins and Aubusson tapestries, a medieval altarpiece from Flanders and the Duke de Pasquier's splendid library housing some 30,000 books. A high-ranking public servant for around fifty years and decked with honours, despite changing regimes, the duke acquired Sassy when he retired in 1848. He loved to visit with his spouse, the Countess de Boigne, whose memoirs offered great insight into the July Monarchy. The duke's direct descendents, who still own the property and the eight hundred-hectare estate, added the side wing and the garden. For the latter, in 1920, they called upon the landscaper Achille Duchêne, renowned for his creations inspired by the Louis XIV period. Hence, the garden comprises delicately pruned boxwood formations offering an interesting perspective, further enhanced by a terraced arrangement.

Saint-Philbert-sur-Orne

Roche d'Oëtre

Bien facétieuse ou présomptueuse sonne la dénomination, forgée à la fin du XIXe siècle, de Suisse normande réservée à une région parcourue par les molles ondulations du massif armoricain, hautes de moins de 300 mètres ! Les vallées encaissées de l'Orne en son cours supérieur, ses affluents, ainsi que leurs versants boisés relèvent pourtant bien du paysage de basse montagne. Le relief est même vertigineux depuis la corniche de la roche d'Oëtre, située à 118 mètres au-dessus d'un méandre de la Rouvre. La nature se donne ici en spectacle lorsque par une fraîche matinée d'automne dardent les premiers rayons chauds du soleil au revers de la gangue brumeuse. Celle-ci s'agite, virevolte puis se dissipe, dévoilant alors les arbres parés de leur livrée flamboyante et libérant les escarpements rocheux aux formes suggestives, tels un visage de profil ou un corps de sphinx. Dans ces lieux de visions oniriques, on ne peut que souscrire à la croyance que des fées les fréquentent !

The presumptuous or facetious name, forged in the late 19th century, of Suisse Normande, literally 'Normandy's Switzerland', denotes an area that is home to the gentle undulations of the Armorican Massif, of a height inferior to 300 metres! The hollow valleys of the upper River Orne, its tributaries, and their wooded slopes are nevertheless perfectly reminiscent of a low mountainous landscape. The relief can even prove breathtaking from the ledge that forms the Roche d'Oëtre, standing at an altitude of 118 metres above a meander of the River Rouve. Here, mother nature flaunts its best when, on a cool autumn morning, the first warm rays of the sun pierce their way through the hazy mineral panorama. It migrates, pirouettes then fades, unveiling the trees and their flamboyant mantle, liberating the evocatively shaped rocky escarpments, revealing a facial profile or a sphinx. Amidst this place propitious to dreamlike visions, one can but adhere to the belief that fairies do, indeed, exist in places like these!

Soligny-la-Trappe

Abbaye de la Trappe / *Abbey of La Trappe*

« Une vie de Trappiste ». L'expression consacre l'existence notoirement ascétique menée par les moines de l'abbaye de la Trappe. Celle-ci apparaît comme la gardienne de l'idéal monastique, tel que défini par la règle de saint Benoît et conforté par la réforme cistercienne du XIIe siècle, à laquelle adhéra le petit monastère normand en 1147, peu après sa création. La réputation d'austérité et, en corollaire, de ferveur attachée au lieu doit beaucoup à l'ascendant et aux réformes de l'abbé de Randé au XVIIe siècle. Le rayonnement de la Trappe se propagea même en Europe, lorsque des moines émigrèrent durant la Révolution. Ils y placèrent des abbayes sous l'autorité de la congrégation française, alors que presque tous ses bâtiments avaient été détruits. Ils furent reconstruits, après le retour des religieux en 1815, dans le goût néo-gothique. Quelque peu isolés dans la forêt du Perche et produisant eux-mêmes l'essentiel des biens nécessaires à leur subsistance, la vingtaine de moines formant actuellement la communauté n'en sont pas moins reclus. Ils perpétuent la tradition d'accueil en proposant des séjours de retraite spirituelle ou de méditation, ainsi que la participation aux offices.

'Life as a Trappist'. The expression consecrates the customarily abstemious existence of the monks of the Abbey of La Trappe. The abbey appears as the guardian of a monastic ideal, as defined by the Rule of St Benedict and further endorsed by the 12th-century Cistercian reform, to which this small Normandy monastery adhered in 1147, shortly after its creation. This austere reputation and the resulting fervour associated with the site owe much to the ascendancy and reforms brought by Abbot de Rancé in the 17th century. The Abbey of La Trappe's influence stretched as far as across Europe, when many monks emigrated during the French Revolution. They placed their abbeys under the authority of the French congregation, even if almost all of its buildings had been destroyed. They were rebuilt in neo-Gothic style upon the return of the religious community in 1815. In a somewhat isolated spot in the Perche Forest, the twenty monks that currently occupy the abbey are no less recluse, producing a vast share of their means of subsistence themselves. They perpetuate the tradition of extending welcome, and propose spiritual retreats or time for meditation, with the possibility to attend religious services.

Clères

Château et parc / *Castle and gardens*

Élégant et original, tel est le site. L'on y apprécie les façades à pans de bois typiquement normandes d'un manoir de la fin du Moyen Âge, ainsi que celles du logis adjacent ajouté au XVIe siècle, aux lucarnes néo-gothiques. Ces dernières constituent le principal apport architectural subsistant du comte de Béarn vers 1840, alors propriétaire des lieux. Il y aménagea aussi le parc à l'anglaise, d'une superficie de 13 hectares. C'est dans cet éden qu'en 1919 le naturaliste Jean Delacour, qui venait d'acquérir le domaine, installa ses pensionnaires à plumes et à poils venus des antipodes. Aujourd'hui, plus de mille cinq cents animaux, répartis en 200 espèces, tels flamands, antilopes, wallabies, s'ébattent en semi-liberté parmi les visiteurs. Tous proviennent de zoos ou naissent à Clères ; certains d'entre eux sont expédiés vers leur lieu d'origine, afin de participer à leur repeuplement.

Elegant and original, such is this site. Visitors can admire its half-timbered facades so typical of Normandy manors dating from the Late Middle Ages, together with those of the adjacent lodge, added in the 16th century and boasting neo-Gothic dormer windows. They represent the leading architectural contribution by the Count of Béarn around 1840, when he owned the property. He also had a landscaped garden created over a surface area of 13 hectares. It is to this Garden of Eden that, in 1919, the naturalist Jean Delacour, who had just acquired the estate, brought his furry and feathered friends from the other side of the globe. Today, over five hundred animals, for a total of two hundred species, thrive here in semi-captivity among the visitors: flamingoes, antelopes, wallabies, etc. They are all either from other zoos or born in Clères. Some are sent back to their original habitat to contribute towards their repopulation.

Dieppe

Hardis marins dieppois qui, il y a 500 ans, explorèrent les côtes du Canada et du Brésil, s'aventurèrent dans l'océan Indien et parvinrent à Sumatra. Habiles artisans dieppois, qui, au XVIIe siècle, sculptèrent d'élégantes figurines d'ivoire. Intrépide duchesse de Berry, la belle-fille de Charles X, qui suscita ici l'engouement pour les bains de mer et contribua à l'essor de la plus ancienne station balnéaire de France. À la liste de ces personnages qui hissèrent haut les couleurs de la ville, il convient d'ajouter les 6 100 soldats anglais et surtout canadiens, lancés le 19 août 1942 à l'assaut du front de mer dans une opération d'intimidation des allemands et préparatoire au Jour J. Leur contribution à la victoire finale fait l'objet d'une exposition permanente dans le beau théâtre municipal, tandis que l'histoire des personnalités et les productions artistiques de la ville sont présentées dans le château fort bâti à partir du XIVe siècle.

Dieppe's hardy mariners who, five hundred years ago, explored the coasts of Canada and Brazil, then the Indian Ocean as far as Sumatra. Dieppe's deft craftsmen who, in the 17th century, carved elegant ivory figures. The intrepid Duchess of Berry, daughter-in-law of Charles X of France, who aroused great interest in the sea bathing vogue here, hence contributing to the growth of France's oldest seaside resort. To this list of illustrious figures who worthily represented the town, we can add the 6,100 soldiers, predominantly Canadian and British who, on 19 August 1942, launched the assault on the seafront in an aim to intimidate the German occupants, in preparations for D-Day. Their contribution towards final victory is depicted in a permanent exhibition in the lovely town theatre, whilst the story of other personalities and the town's artistic collections are presented in the fortress, built as from the 14th century.

Étretat

Ses falaises constituent le trésor de la petite ville. Leurs formes sont si extravagantes que l'on peine à les attribuer aux seuls caprices de la nature. Elles résultent pourtant de l'effet dissolvant des eaux pluviales lorsqu'elles s'infiltrent dans la craie, combiné à l'érosion marine et à l'action de sape par des sources souterraines. Un autre trésor, de pierres précieuses et d'or, serait dissimulé dans une cavité, sous l'aiguille proche de l'arche d'Aval. Seul un homme y délivre l'accès : Arsène Lupin, le gentleman cambrioleur et héros de romans à succès de Maurice Leblanc, qui lui-même vécut à Étretat. Sa jolie demeure, le Clos Lupin, aujourd'hui un musée dédié à son œuvre, côtoie de nombreuses autres résidences de charme de la Belle Époque, comme celles d'Offenbach ou de Maupassant, s'ajoutant à la liste des trésors d'Étretat.

These cliffs are the small town's most precious treasure. Their formation is so extravagant that one can barely attribute it to the whims of nature alone. Yet, they result from the dissolving effects of rain water as it seeps into the chalk, combined with natural maritime erosion and the weakening action of underground sources. Another treasure, of gold and precious gems, is said to be hidden in a cavity under the needle that stands by the Aval Cliff. Only one man knows how to reach it: Arsène Lupin, the gentleman thief and hero of a series of successful novels by Maurice Leblanc, who once lived in Étretat. His pretty villa, the Clos Lupin, is now home to a museum devoted to his work, and stands by many other charming Belle Époque properties, such as those belonging to Offenbach and Maupassant, adding to the long list of Étretat's jewels.

Falaises / *Cliffs*

Rares sont les falaises aussi célèbres que celles d'Étretat. Elles inspirèrent des grands noms de la peinture du XIXe siècle, tels Corot, Delacroix, Boudin, Monet. Ils se plurent à saisir les étreintes de l'écume et des parois minérales, à souligner des formes évocatrices de constructions humaines ou de silhouettes d'animaux, à répertorier les vibrations de la lumière parcourant la craie blanche des flancs abrupts. Les strates de cette pierre, sédimentaire et composée principalement d'algues planctoniques fossiles, alternent avec des lits de silex. Ces derniers, après que des pans de falaises se soient écroulées et que la craie ait été dissoute dans la mer, deviennent des galets polis par l'érosion et recouvrent les plages. Ce sont eux qui en roulant dans le ressac font chanter l'onde.

Only a few rare cliffs are as famous as those of Étretat. They inspired illustrious figures of 19th-century painting, such as Corot, Delacroix, Boudin and Monet. These artists loved to capture the embrace of the sea foam on the rocky face, to highlight these evocative outlines akin to man-made constructions or animal silhouettes, to immortalise the vibrations of light as it caresses the abrupt chalky heights. The layers of this sedimentary stone, comprised essentially of fossilised planktonic algae, alternate with flint beds. And when chunks of the cliff fall to the ground and the chalk is gradually dissolved by the sea water, the latter are polished by erosion to become the pebbles that cover the beaches here. And as they roll and tumble in the backwash, they sing the song of the sea.

Le jardin Émotions, aux buis taillés suggérant le fond des parcs à huitres creusés au pied des falaises d'Étretat. Les statues « gouttes d'eau » évoquent des sentiments et les différents états du monde sous-marin.

The pruned topiary in the Emotions Garden is suggestive of the oyster beds at the foot of the Étretat cliffs. The 'Drops of Rain' statues are evocative of emotions and the various states of the underwater world.

Le jardin Impressions, face à la falaise d'Aval et à une sculpture en bois de Claude Monet peignant. Le maître de l'impressionnisme représenta en effet plusieurs fois le littoral depuis cet endroit.

The Impressions Garden, facing the Aval Cliff, and the wooden sculpture of Claude Monet at his easel. The master of Impressionism painted the coast several times from this very spot.

Jardins / *Gardens*

La fougue minérale des falaises et la sage ordonnance du végétal ! C'est cet étonnant dialogue que découvre le visiteur des jardins de la villa Roxelane, depuis leur réaménagement en 2015 par son propriétaire, Alexandre Grivko, paysagiste russe renommé. Le nom du site rend hommage à l'épouse du sultan Soliman le Magnifique, interprétée au théâtre par madame Thébault, commanditaire en 1903 de la maison et de ses premiers jardins, dont les arbres ont été conservés. Plusieurs secteurs à thèmes se succèdent le long d'un parcours onirique, inspirés du monde marin et du paysage d'Étretat en arrière-fond. On y remarque la présence de nombreuses orchidées et la prédominance de topiaires en ifs et buis ; leurs sinuosités faisant écho à celles des vagues. Des sculptures modernes ponctuent l'espace, notamment les « gouttes d'eau » en résine polyester et poudre d'aluminium, réalisées par l'artiste espagnol Samuel Salcedo et symbolisant chacune un sentiment.

The untamed minerality of the cliffs and a wisely docile plant composition! Such is the surprising dialogue that the visitor discovers in the gardens of the Villa Roxelane, since their rearrangement in 2015 by the present-day owner, Alexandre Grivko, a renowned Russian landscaper. The name pays homage to the wife of the Sultan Suleiman the Magnificent, interpreted in theatres by Madame Thébault, who, in 1903, commissioned construction of the house and its early garden, the trees of which have been preserved. The dreamlike garden trail takes visitors through a succession of themed areas, inspired by the sea world and Étretat's inland landscapes. Worthy of particular note are the presence of several orchids and the predominance of yew and boxwood topiaries, the sinuosities of which echo with that of the waves below. The area is punctuated by modern sculptures, in particular the 'Drops of Rain', made of polyester resin and aluminium powder, by the Spanish artist Samuel Salcedo, each of which symbolises an emotion.

Eu
Château

Que de noms prestigieux embellirent le château, faisant de celui-ci un creuset des arts ! Il y eut d'abord le duc Henri de Guise, le puissant chef de la ligue catholique au XVIe siècle et le commanditaire du château, vint aussi la Grande Demoiselle, la cousine frondeuse de Louis XIV et assignée ici à résidence, dont la trace reste visible. Suivit le roi Louis-Philippe, qui y reçu par deux fois la reine d'Angleterre, Victoria. Enfin, les petits-fils du souverain, les comtes de Paris et d'Eu, propriétaires successivement des lieux, parachevèrent l'œuvre. Le premier d'entre eux s'adressa au célèbre architecte-restaurateur Viollet-le-Duc qui y créa des décors assez novateurs. Quant au second, l'époux de la princesse Isabelle, fille de l'empereur déchu du Brésil Dom Pedro II, il fit venir en provenance de ce pays d'insignes objets. Le château est partagé de nos jours entre les salles historiques formant un musée et la mairie.

Here is a castle embellished with many a famous name, which contribute to its status as a genuine melting pot of art! First, there was the Duke Henry of Guise, the powerful 16th-century leader of the Catholic League and the man who commissioned construction of the castle. Then came La Grande Demoiselle, a member of the Fronde and cousin to King Louis XIV, placed under house arrest here where she left her mark. Then the French King Louis-Philippe, who welcomed Queen Victoria here on two occasions. Finally, the French sovereign's grandsons, the Counts of Paris and Eu, became the property's successive owners. The former called upon the famous architect Viollet-le-Duc for the creation of rather novel decorative features. The latter, spouse to Princess Isabel, the daughter of the fallen Emperor of Brazil, Pedro II, had remarkable objects shipped from his wife's homeland. Today, the castle houses both the historic rooms that comprise a museum and the town hall.

La galerie de Guise, incendiée en 1902, a retrouvé toute sa splendeur en 2010 grâce à la reconstitution des lambris et du parquet, ainsi qu'à l'achat des 46 portraits de la famille de Guise épargnés lors du sinistre. / *The Guise Gallery, which suffered fire damage in 1902, was returned to its original splendour in 2010, thanks to the restoration of the wood panelling and parquet flooring, together with the acquisition of 46 portraits of the Guise family, spared from the fire.*

Le salon Doré est la seule pièce du château où demeurent les boiseries du XVIIe siècle. Le chiffre les ornant est celui de la Grande Demoiselle, dont le portrait apparaît au centre de l'image. / *The Golden room is the only room in the castle to boast original 17th-century wood features. They are adorned with the monogram of La Grande Demoiselle, whose portrait can be seen in the centre of the photograph.*

Fécamp

Les falaises de la côte d'albâtre se dressent en une muraille longue de 130 kilomètres qu'entrecoupent quelques valleuses occupées surtout par des cités portuaires, comme Fécamp. Ses marins traquaient le hareng, puis vers 1820, ils s'aventurèrent au large du Canada et à leur retour les odeurs fortes des cales pleines de morues des terre-neuvas imprégnaient toute la ville. Celle-ci prospéra même grâce à la transformation et à la vente de ce poisson, mais la raréfaction de la ressource condamna les expéditions et les bateaux de pêche hauturière disparurent au début des années soixante-dix. Le souvenir de l'activité se note à travers les bâtiments en brique de préparation alimentaire près des quais, ainsi que par le musée des pêcheries installé en 2017 dans une ancienne sècherie. Il rejoint ainsi la longue liste des monuments de la ville, eu égard à son ancienne histoire, comme le château des ducs de Normandie ou la grande abbatiale gothique de la Sainte-Trinité.

The cliffs of the Alabaster Coast rise like a 13 kilometre-long rampart, only interrupted by a few hanging valleys, occupied by harbour towns such as Fécamp. Its seamen hunted for herring when, around 1820, they set off as far as the Canadian coast, as 'terre-neuvas', or Newfoundlanders and, upon their return, the town was swathed in the pungent smell of their holds, abounding with cod. The town also owed its prosperity to the processing and sale of this fish, however, its increasing rarity led to the end of these expeditions and the disappearance of long-haul vessels in the early 1970s. Vestiges of this activity can be admired in the brick buildings by the quayside, once used to process fish, and in the Fisheries Museum established in 2017 in a former drying warehouse. It joins the long list of the town's monuments devoted to its history, such as the castle of the Dukes of Normandy or the vast Gothic Abbey of the Holy Trinity.

Palais Bénédictine / *Benedictine Palace*

Ce n'est pas armé d'un glaive, mais d'une bouteille qu'Alexandre Le Grand conquit le monde ! Négociant fécampois en spiritueux et homonyme du célèbre souverain de l'Antiquité, il sut se tailler un empire grâce à la Bénédictine, liqueur dont il prétendait avoir retrouvé en 1863 la recette dans un mystérieux manuscrit rédigé à l'orée du XVIe siècle. Il fit alors construire un palais à la mesure de sa réussite et de son imaginaire. L'architecture et les décors rendent ici hommage aux années 1500, si déterminantes pour la carrière du commanditaire, en une fusion fastueuse et idéalisée des styles gothique flamboyant et Renaissance. Écrin des collections artistiques d'Alexandre Le Grand, composées surtout d'objets de son époque de prédilection, le monument servit également ses intérêts d'homme d'affaires qui en fit le siège de sa société et y installa la distillerie, où la salle des alambics de cuivre, chef-d'œuvre de chaudronnerie, s'apparente à celles du musée. Les visiteurs et les clients, à l'esprit embrumé par les effluves des 27 plantes et épices du breuvage au secret de fabrication tenu secret, ne pouvaient être que subjugués !

No, it was not armed with a sword, but with a bottle that Alexandre Le Grand conquered the world! A wine and spirit merchant from Fécamp, he bore the same name as the famous ancient Greek sovereign, Alexander the Great, building his own empire thanks to the Benedictine liqueur of which he claimed to have found the recipe in an ancient manuscript drafted in the early 16th century. He then had a palace built, worthy of his success and his own imagination. Here, the architecture and decor are a tribute to the 1500s, so decisive for the master's career, in a sumptuous and idealistic fusion of Flamboyant Gothic and Renaissance styles. The perfect setting for Alexandre Le Grand's artistic collections, comprised essentially of objects dating from his period of predilection, the palace also served the businessman's professional interests, since he established his company there and installed the distillery, the room housing the copper stills of which, genuine masterpieces in boiler work, is akin to a museum. Visitors and clients, dizzied by the fragrance of the 27 plants and spices that form the recipe of his famous liqueur, a well-kept secret, can but be beguiled.

Jumièges

Abbaye / *Abbey*

La « poétique des ruines », dont Diderot se fit le chantre en 1767, trouverait dans l'abbaye de Jumièges sa plus belle expression. La contemplation de ces édifices cyclopéens et déchus, d'où jaillissent des pans de tours ou de murs tendus vers le ciel tels des moignons de bras qui implorent, émeut. L'on y ressent un appel, une aspiration à l'éternité conjurant la fragilité du monde. « Les idées que les ruines réveillent en moi sont grandes. Tout s'anéantit, tout périt, tout passe » écrivait Diderot. L'illustre auteur ne puisa pourtant pas ici sa réflexion, car la fièvre bâtisseuse de la congrégation de Saint-Maur venait de laisser de nouveaux logis monastiques, tandis que l'abbatiale médiévale Notre-Dame faisait encore la fierté des moines ; elle fut en effet consacrée en présence du duc Guillaume le Conquérant en 1067 et sa nef, haute de 25 mètres, était la plus élevée de l'époque romane en Normandie. Ravalée au rang de carrière de pierre peu après la Révolution et démantelée, l'abbaye accéda au statut de ruine vénérable et inspiratrice sous la plume et les pinceaux d'artistes gagnés au courant romantique, dont Victor Hugo en des vers exprimant la douleur et Turner, qui la nimba d'une lumière dramatique.

The 'poetry of ruins' of which Diderot became the eulogist in 1767, finds its finest expression in Jumièges Abbey. The mere contemplation of these massive and broken edifices, from which fragments of towers and walls stretch out to the skies like imploring arm stumps, can but move the spectator. Here, one can sense a calling, an aspiration towards eternity, warding off the fragility of the world. 'The ideas ruins evoke in me are grand. Everything comes to nothing, everything perishes, everything passes.' Such were Diderot's words. Yet it was not here that the illustrious author drew inspiration for his reflection on ruins, for, in its fervour, the Congregation of Saint-Maur had just rebuilt monastic buildings, and the medieval abbey church of Notre-Dame still stood proud. Indeed, it was consecrated in the presence of the Duke and King William the Conqueror in 1067, its 25-metre-high nave being the highest of the Romanesque period in Normandy. Reduced to a simple stone quarry after the French Revolution, the abbey was dismantled and elevated to the rank of a venerable and inspiring ruin by artists and authors of the Romantic movement, including Victor Hugo whose associated prose was an expression of pain, and Turner, who swathed the site in a dramatic light.

Méandre / *Meander*

La Seine ne dévoile ses courbes que vue du ciel ou depuis le haut des falaises qui la longent. Les sinuosités d'un cours d'eau, inhérentes à un terrain en faible déclivité, s'accompagnent souvent d'une rive plus abrupte que l'autre. Celle-ci résulte du creusement de la roche par le courant, dont l'intensité est supérieure vers l'extérieur du méandre, tandis que les alluvions se déposent sur la berge opposée. Le lobe de Jumièges se singularise par son étroitesse et la préservation du caractère rural, sur laquelle veille le parc naturel régional des Boucles de la Seine. Cultures maraîchères et vergers de poires, pommes ou prunes occupent les petites parcelles côtoyant le fleuve. Au centre du méandre, les infiltrations d'eau dans les carrières à ciel ouvert de graviers aboutissent à la formation d'étangs, qu'apprécient les amateurs de loisirs nautiques. La fameuse abbaye de Jumièges dispose d'un bel écrin !

The Seine only unveils all its curves from the skies, or from the summit of the cliffs it accompanies. The sinuosities of a waterway, inherent to a downward sloping terrain, are often materialised by one bank that is more abrupt than the other. This results from the hollowing out of the rock by the river current, the intensity of which is more important on the outer bank of the meander, alluvions being deposited on the inner bank. The singularities of the meander at Jumièges are its narrowness and the preserved rural character of the site, which comprises the Meanders of the Seine Regional Natural Park. Market gardening and pear, apple and plum orchards occupy the small plots of land that line the river. In the centre of the meander, infiltration into the open-cast gravel mines led to the formation of ponds, greatly appreciated by watersports enthusiasts. Jumièges Abbey, indeed, benefits from a worthy setting!

Le Havre

Le « Havre-de-Grâce » fondé par François Ier n'est plus. Les bombardements alliés de septembre 1944 anéantirent les quartiers anciens et leurs nombreux monuments. La ville se releva toutefois rapidement de ses ruines et se forgea une nouvelle identité. L'architecte Auguste Perret y privilégia l'habitat fonctionnel et l'homogénéité urbanistique. Il exploita aussi les ressources offertes par le béton, comme à l'église Saint Joseph, dont le clocher haut de 107 mètres fédère le paysage havrais. Ces partis pris audacieux furent salués par l'Unesco qui inscrivit en 2005 la cité normande au patrimoine mondial. Elle servit même de référence à de nouvelles villes, comme Brasilia, où s'illustra l'architecte brésilien Oscar Niemeyer. C'est à ce dernier que l'on doit au Havre le Volcan, salle de spectacle aux lignes en harmonie avec la passerelle enjambant le bassin du Commerce.

The 'Havre-de-Grâce' founded by François Ier of France is no longer. The Allied bombardments in September 1944 annihilated the old quarters and their many monuments. However, the town was quickly revived from its ruins, forging a brand-new identity. The architect Auguste Perret placed priority on functional housing and urban homogeneity. Hence, he exploited the resources offered by concrete, in monuments such as the Church of St Joseph, the 107-metre-high belfry of which unites the urban landscape. Such a bold architectural stance was praised by Unesco via the Normandy city's addition to the World Heritage List. It even served as a reference for other new towns, such as Brasilia, designed by the illustrious architect Oscar Niemeyer. The latter is also behind Le Havre's Volcano, a concert hall, the design of which is in perfect harmony with the nearby footbridge over the Commerce Dock.

Martainville-Épreville
Château de Martainville

Heureux en affaires, Jacques Le Pelletier, marchand et armateur Rouennais, tint à afficher en 1485 sa réussite par l'édification d'un château moderne et luxueux. Il opta pour un matériau de construction encore rarement employé dans la région, la brique, et repartit les salles de chaque étage autour d'un couloir. Cet aménagement rationnel préfigure celui de demeures célèbres du XVIe siècle, notamment Chambord. En 1510, le neveu et héritier du commanditaire, estimant le château encore trop semblable à une forteresse médiévale, en rectifia quelques traits. Ainsi, les douves furent comblées, une façade reçut une saillie à pans coupés soulignant le chevet de la chapelle et surmontée d'une tourelle d'escalier. En 1906, l'acquisition par l'État, puis la restauration, sauvèrent le château de la ruine. Il abrite depuis 1961 le musée des Traditions et Arts normands, occupant une vingtaine de salles et composé d'objets et de meubles anciens. Le domaine dispose depuis 2014 d'un jardin d'inspiration Renaissance, où prédominent des plantes vivaces et d'aspect sauvage.

In 1485, Jacques Le Pelletier, a successful merchant and ship owner from Rouen, was keen to flaunt his good fortune by building a modern and luxurious castle. He chose brick, a construction material that was, as yet, rarely employed in the region, and organised the rooms of each floor around a corridor. This rational configuration foreshadowed that of famous 16th-century properties, the Château de Chambord in particular. In 1510, his nephew and heir found the castle far too similar to a medieval fortress to his taste, and made a few alterations. Hence, the moat was filled, a facade was adorned with a protruding bay feature highlighting the chapel choir and surmounted with an octagonal stair turret. In 1906, the French state acquired the castle, preventing it from falling into ruin, Since 1961, it has housed the Museum of Traditions and Arts of Normandy, occupying twenty of its rooms and comprising a fine collection of old objects and furniture. Since 2014, the estate has been adorned with a garden of Renaissance inspiration, home to perennial plants in an almost wild presentation.

Mesnières-en-Bray
Château de Mesnières

L'écho des châteaux de la Loire résonne ici vigoureusement. La ressemblance avec celui de Chaumont est même frappante. Le lien de parenté entre Georges d'Amboise, archevêque de Rouen, associé à la construction du célèbre monument ligérien et Louis de Boissay, commanditaire de la résidence normande vers 1500, pourrait expliquer cette particularité. Notons que les deux monuments perdirent au XVIIIe siècle une de leurs ailes enserrant la cour, afin probablement de favoriser la vue. À Mesnières, cette destruction permit d'aménager l'imposant escalier en queue de paon. Devenu pensionnat et établissement scolaire en 1834, le château fut pourvu une trentaine d'années plus tard d'un long bâtiment, ainsi que d'une seconde chapelle au revers de la façade principale. Ce lieu de culte, ainsi qu'une grande partie de la toiture disparurent lors d'un incendie en 2004. Leur reconstruction, qui dura 10 ans, a effacé presque toutes les traces du désastre.

Here, the echo of the castles of the Loire Valley resounds emphatically. The resemblance with the Château de Chaumont is even striking. The family connections between Georges d'Amboise, Archbishop of Rouen and associated with the construction of Chaumont, and Louis de Boissay, who commissioned construction of the Norman residence circa 1500, could explain this particularity. It is noteworthy that, in the 18th century, both monuments lost one of the wings around the courtyard, most likely to improve the view. In Mesnières, this destruction enabled the development of the stunning peacock tail stairway. The castle became a boarding school in 1834 then, thirty years later, was enhanced by the addition of a long building and a second chapel behind the main facade. This place of worship was destroyed during a fire in 2004, as was a vast share of the roofing. Their ten-year reconstruction successfully erased almost any trace of the disaster.

Rouen

Les capitales de la Normandie et de la France ont pour points communs d'être traversées par la Seine et de devoir leur croissance au commerce par voie fluviale. L'exportation de draps produits dans la région fut jusqu'au début du XXe siècle la spécificité rouennaise. La prospérité qu'en retirait la cité est perceptible à travers le nombre de monuments situés sur la rive droite, celle où s'étendait l'urbanisation jusqu'à la fin du XVIIe siècle. La densité d'églises y est telle que Rouen fait partie de ces villes dites aux cent clochers. La valeur du patrimoine historique apparaît aussi dans les centaines de maisons à pans de bois et à encorbellement édifiées avant 1520. À cette date, leur construction fut prohibée en guise de mesure préventive contre la propagation des incendies mais aussi des épidémies, les avancées des étages supérieurs gênant la circulation d'air.

The capital of France and of Normandy shared their establishment on the banks of the Seine and their growth thanks to river trade. Up to the 20th century, exportation of fabrics produced in the region was one of Rouen's specificities. The resulting prosperity left its mark, in particular via the number of monuments located on the right bank of the Seine, where urban development blossomed up to the late 17th century. In Rouen, the density of churches is such that it is among the towns referred to as 'of 100 bell towers'. The town's historic heritage also transpires through the hundreds of half-timbered and corbelled houses built prior to 1520. At that date, their construction was prohibited under the pretext of preventing, not only the propagation of fire, but also of epidemics, since the protruding upper levels were an obstacle to healthy airflow.

Façade de la cathédrale / *Facade of Rouen Cathedral*

Il n'est aucune autre cathédrale de France dont la façade soit si large et si ouvragée. L'ampleur horizontale doit à la disposition singulière des deux tours : elles ne prolongent pas la nef en longueur, mais elles l'encadrent. Quant à ses gâbles et tourelles ciselés, ajourés, fuyant vers le ciel, ils constituent un florilège de l'architecture gothique flamboyante. Leur élan vertical se prolonge en retrait par la tour de transept, dont la flèche en fonte, achevée en 1876 et culminant à 151 mètres, est la plus haute de France. Seuls les niveaux inférieurs de la tour Saint-Romain échappent à cette effervescence des lignes. Bâtis antérieurement, au XIIe siècle, ils conservent une certaine massivité, tempérée par des baies géminées, propres à l'art roman. Une telle façade, imposante et subtile, est de nature à susciter l'inspiration. Elle s'anima ainsi, sous le pinceau de Claude Monet, des variations de lumière et de l'atmosphère, en une trentaine de toiles.

No other cathedral in France has a wider or more intricately carved facade. The sheer horizontal dimension of Rouen Cathedral owes its singular composition to its two towers which flank the nave rather than extending its length. Its gables and chiselled openwork towers stretch upwards to the skies, in an anthology of Flamboyant Gothic architecture. Their vertical momentum is continued by the transept tower, the cast-iron spire of which - the highest in France - was completed in 1876 and reaches a height of 151 metres. Only the lower levels of the Saint-Romain tower are devoid of such linear effervescence. Built earlier, in the 12th century, they remain of stocky construction, only punctuated by gemeled windows, typical of Romanesque art. Such a subtle yet compelling facade is an evident source of inspiration. It was brought to life through Claude Monet's brush strokes, in thirty paintings offering a range of variations in light and atmosphere,

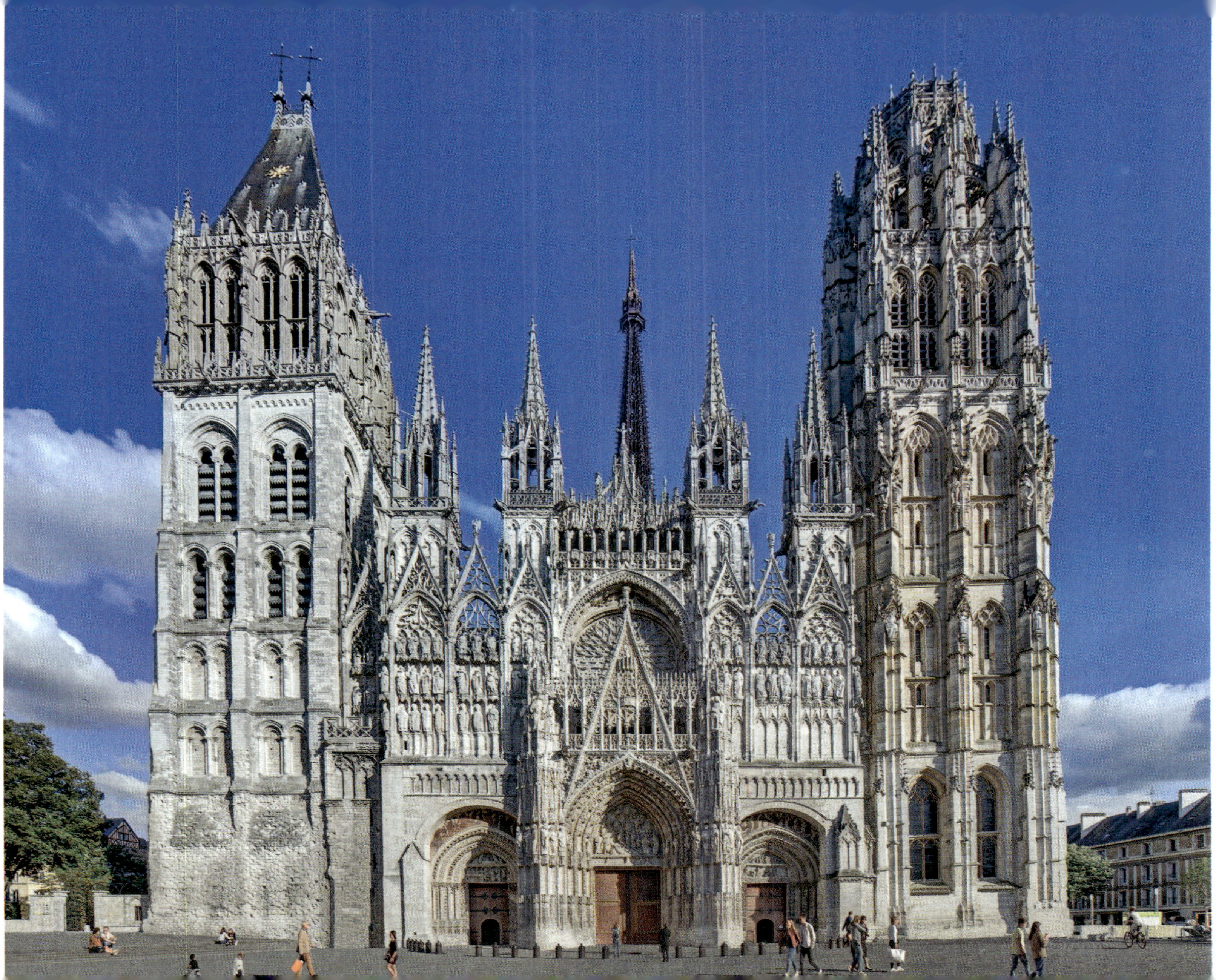

Gros-Horloge / *Great Clock*

Symboles d'affirmation de l'autorité communale, rivaux des tours d'église et des donjons, en tant qu'expression du pouvoir, les beffrois s'imposèrent dans le paysage urbain à partir du XIe siècle. Leurs cloches et horloges rythmaient le labeur et prévenaient d'un péril. Disposition unique en son genre, le beffroi médiéval de Rouen et l'ancien hôtel de ville sont reliés par un pavillon sur arche. Élevé en 1527, il soutient l'horloge autrefois intégrée au beffroi. Les cadrans, sur chacune des deux façades, indiquent l'heure au moyen d'une aiguille et signalent également les phases de la lune grâce à une petite sphère rotative placée au-dessus. Au niveau inférieur, les jours de la semaine apparaissent sous l'aspect de divinités dans une niche courbe. Le mécanisme originel, daté de 1389, contemporain des cadrans et de leurs accessoires, est un des plus anciens de France. Encore en parfait état, il fonctionna jusqu'en 1928. Un système électrique lui fut alors préféré. Chef-d'œuvre artistique et prouesse technique, le Gros Horloge mérite son titre de monument emblématique de Rouen.

Symbols of asserted communal authority, rivals to the church towers and the keeps, as an expression of power, belfries emerged in the urban landscape as from the 11th century. Their bells and clocks offered rhythm to nearby labourers and warned of danger. Forming a unique composition, the medieval belfry in Rouen is linked to the former town hall by means of an arched pavilion. Built in 1527, the pavilion supports the clock which was once housed in the belfry. The clock faces on either side display time by means of hands, and also indicate the phases of the moon thanks to a small rotating sphere placed above. Below, the days of the week appear inside a curved niche in the form of divinities. The original mechanism, which dates back to 1389, the period of sundials and associated accessories, is among the oldest in France. It is perfectly preserved and still worked up to 1928, when it was replaced by an electric system. A masterpiece of art and of technical prowess, the Great Clock is fittingly considered as Rouen's most emblematic monument.

THALASSA

L'Armada

Avec en toile de fond la cathédrale d'un côté et le pont levant Flaubert de l'autre, les quais de la Seine se parent tous les quatre ou cinq ans, durant quelques jours, des plus grands voiliers venus du monde entier. Organisée pour la première fois en 1989 au titre des manifestations commémorant le bicentenaire de la Révolution française, l'Armada est devenue le principal événement populaire et festif de Normandie. Son succès déclencha même la transformation des quais et de leurs bâtiments, quelque peu en friche depuis le transfert des activités portuaires davantage vers l'aval. Ouverts désormais aux piétons, comportant parcs et établissements culturels ou de loisirs, les quais de Rouen s'inscrivent dans une politique de reconquête des berges de fleuve menée dans divers villes.

Every four or five years, with the cathedral on one side and the Flaubert lift bridge on the other as a backdrop, the docks of the Seine are scattered with the greatest of sail ships from across the globe. Organised for the very first time in 1989, on the occasion of the bicentenary of the French Revolution, the Armada has become Normandy's leading popular and festive event. Its success even led to the transformation of the quayside and surrounding buildings, which had become somewhat derelict since the transfer of port activities further upstream. Now open to pedestrians and offering gardens, cultural venues and leisure activities, Rouen's docks are part of a dynamic plan to revitalise the river banks, as in many other similar towns and cities.

Palais de justice / *Courthouse*

Le justiciable du département de la Seine-Maritime trouvera un peu de réconfort à ses déboires dans la contemplation du lieu de sa comparution, lequel est sans conteste le plus beau palais de justice de France. La profusion de lucarnes cantonnées de pinacles, de balustrades ajourées, de larges fenêtres à meneaux, typiques de l'art gothique flamboyant, est sans équivalent parmi les édifices profanes. L'homogénéité du décor a triomphé des changements de style qu'aurait pu entraîner la construction en plusieurs phases. L'aile gauche surgit de terre en 1499, lorsque Louis XII rompant avec la tradition d'une justice itinérante, établit une cour permanente à Rouen. Le corps central fut ajouté 10 ans plus tard à l'usage du roi, que François Ier affecta peu après à l'institution, désormais appelée parlement, afin qu'elle puisse satisfaire à davantage d'attributions. L'aile droite, apparue du temps de Louis XIV, prit son aspect au XIXe siècle et est une réplique de celle située en face. Très endommagés par des bombardements alliés en 1944, le monument et ses décors intérieurs ont été restaurés à l'identique durant 30 ans.

Anyone brought to trial in the department of Seine-Maritime can find a certain degree of comfort in such times of tribulation by simply contemplating the site in which such dealings take place, for here, we are unquestionably in the most beautiful courthouse in France. The profusion of dormer windows adorned with pinnacles, open-worked balustrades, wide mullion windows, all typical of Flamboyant Gothic art, is unrivalled among other profane buildings. The homogeneity of its features outstandingly surpassed its construction in several phases, which could well have led to changing styles. The west wing was built in 1499, when Louis XII made a break from traditional itinerant courts, by establishing a permanent court in Rouen. The central building was added 10 years later for use by the king, Francis I, who allocated the building to what was thereafter referred to as the parliament, so that it could serve many other purposes. The right wing appeared under the reign of Louis XIV, to adopt its present-day aspect in the 19th century - a replica of the opposite wing. Following the extensive damage inflicted by the Allied bombardments in 1944, the monument and its interior decoration were restored to their original state over 30 years.

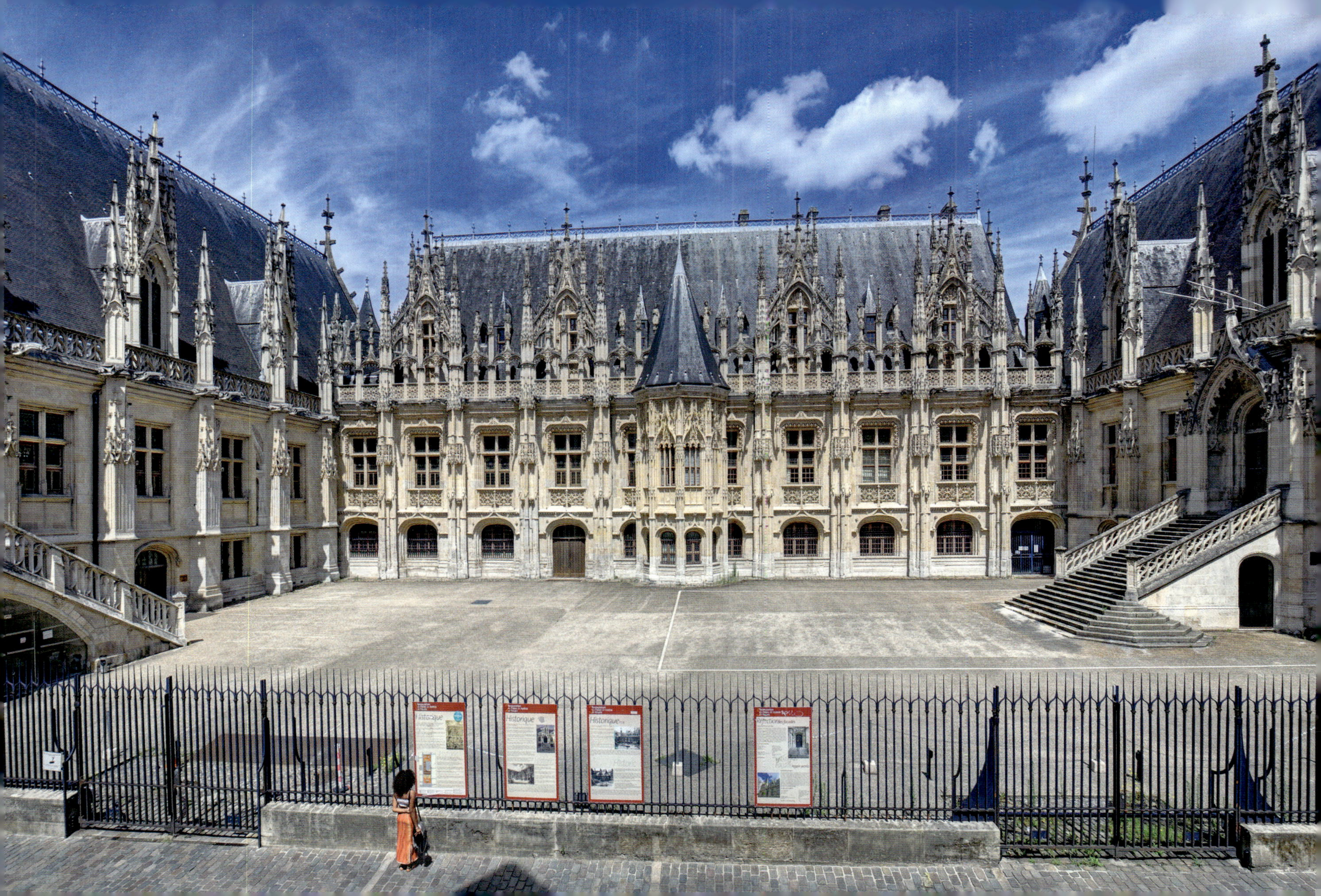
Historique
Historique
Historique
Réfection des façades

Saint-Martin de Boscherville

Abbaye Saint-Georges de Boscherville / *Abbey of Saint-Georges de Boscherville*

Le style roman porté à sa plus haute expression et des jardins savamment agencés constituent les attraits du lieu. De la grande abbaye bénédictine du XIIe siècle, il ne subsiste que son église, pourvue d'une voûte de nef ajoutée à l'époque gothique, ainsi que la salle capitulaire, elle-même intégrée à un bâtiment du XVIIe siècle. Celle-ci renferme des statues-colonnes et des chapiteaux historiés comptant parmi les plus élaborés que l'on puisse admirer en Normandie. Les jardins ont été replantés à partir de 1987 tels qu'ils apparaissent trois cents ans auparavant sur deux gravures, avec ses parterres en terrasse et au tracé régulier dans le goût de l'époque. Ils comportent aussi des platebandes de fleurs ainsi que des carrés de plantes médicinales et aromatiques, réparties respectivement en 80 et 30 espèces différentes, évoquant ceux que l'on rencontrait au sein des abbayes médiévales.

The epitome of Romanesque art and skilfully designed gardens, such are the charms of this splendid site. Of the vast 12th-century Benedictine abbey, only the church remains, comprising Gothic nave vaulting, and the chapter house, which was later integrated within a building erected in the 17th century. The chapter house comprises historiated statue columns which are among the most elaborate one can admire in Normandy. The gardens were replanted as from 1987, following their three hundred-year-old outline, depicted on two engravings, and comprising regularly shaped terraces, typical of the period. They also boast flowerbeds and square plots of medicinal and aromatic plants, respectively comprising 80 and 30 different species, evocative of the gardens that could be found in medieval abbeys.

Saint-Maurice-d'Ételan
Château d'Ételan

Le cours désormais régulé de la Seine et les champs qui précédent son estuaire feraient oublier que les eaux en crue du fleuve s'épanchaient dans des marécages jusqu'au château, si un anneau d'amarrage n'y était fiché dans les fondations ! Cette élégante bâtisse de l'extrême fin du Moyen Âge, aux lucarnes de style gothique flamboyant, n'est pas sans rappeler le palais de justice de Rouen qui lui est contemporain. L'on entretient dans la chambre le souvenir de la reine Catherine de Médicis qui, invitée par le propriétaire des lieux, le maréchal de Cossé-Brissac, resta deux jours au château en 1563. Elle y prépara la ratification par le parlement de Normandie de l'abaissement à 13 ans de la majorité royale, dont bénéficierait son fils Charles IX. La chapelle est également digne d'intérêt, avec ses vitraux du XVe siècle et ses fresques. Fortement endommagé lors du dernier conflit mondial, le château fut acquis par la famille Boudier en 1974 qui le restaura patiemment.

The now regulated meanders of the Seine and the fields that precede its estuary would have us forget that, in times of spring swell, its waters once covered the marshlands here, as far as the castle, if it were not for the presence of a mooring hook in the castle's foundations! This elegant building dating back to the very late Middle Ages, boasting Flamboyant Gothic dormer windows, is somewhat reminiscent of the Courthouse in Rouen, one of its contemporary constructions. The bedroom preserves memories of the queen, Catherine de' Medici, who, upon an invitation from the Marshal de Cossé-Brissac, paid a two-day visit to the castle in 1563. During her stay, she prepared the ratification by the Normandy parliament of the lowering of royal coming of age to 13 years, hence benefiting her son Charles IX. The chapel, with 15th century stained glass windows and frescoes, is also worthy of interest. In 1974, after suffering considerable damage during the Second World War, the castle was acquired by the Boudier family who undertook to patiently restore it.

Varengeville-sur-Mer
Manoir d'Ango

Le XVIe siècle fut prodigue en bâtisseurs de châteaux à la destinée romanesque. Le Dieppois Jehan Ango compta parmi eux. Armateur de vaisseaux au long cours, il organisa des missions d'exploration, importa des produits exotiques et arraisonna des navires étrangers. La confiscation du trésor des Aztèques à bord de trois caravelles espagnoles n'est pas le moindre de ses exploits. Immensément riche, Jehan Ango paya en partie la rançon exigée pour la libération de François Ier après la défaite de Pavie. Ce geste n'empêcha pas sa disgrâce et sa ruine à la mort du roi. Il se retira alors dans le manoir qui porte son nom. L'on y perçoit l'influence italianisante à travers la loggia, les pilastres, les décors à l'antique et l'on y remarque surtout le splendide colombier où pouvaient nicher 3 200 pigeons. Sa toiture d'inspiration byzantine et ses décors polychromes mêlant brique, grès, silex et calcaire le classent parmi les plus beaux de France.

The 16th century offered a wealth of builders of castles with romantic fates. Dieppe-born Jean Ango was among them. An owner of long-haul ships, he organised exploration missions, imported exotic produce, and boarded and searched foreign ships. The confiscation of an Aztec treasure from three Spanish galleons is among his most noteworthy feats. Immensely wealthy, Jean Ango paid a share of the ransom demanded to free Francis I of France after his defeat at the Battle of Pavia. However, his generosity did not prevent him from falling into disgrace and destitution upon the king's death. He then retreated to the manor that bears his name. The Italian influence is perceptible, particularly in the loggia, the pilasters and the antique decor. Also worthy of note, the splendid dovecote where some 3,200 pigeons could nest. Its roofing, of Byzantine inspiration and polychrome decor of brick, sandstone, flint and limestone render it one of the finest in France.

Table des matières / Contents

Titulaire d'un diplôme approfondi d'histoire, Arnaud Chicurel exerce la profession de conférencier au musée du Louvre et au château de Versailles depuis 1991. Il est également photographe professionnel, spécialisé dans la prise de vues aériennes qu'il réalise principalement à l'aide d'un paramoteur. Ses images sont commercialisées par l'agence Hemis. Il a publié une dizaine de livres à caractère historique, dont *Monuments de Paris* et *Les Plus Beaux Châteaux de France*. Ce livre, portant sur la Normandie, aux textes et photos datant pour l'essentiel de 2019 à 2021, témoigne de son attachement à la région où il a résidé plusieurs années, plus précisément à Courseulles-sur-Mer.

Holder of a DEA (Master of Advanced Studies) in history, Arnaud Chicurel is a lecturer at the Louvre Museum and the Palace of Versailles since 1991. He is also a professional photographer, specialising in aerial photographs, most of which are taken from a paramotor. His pictures are marketed by the Hemis agency. He has published ten historic books including, Monuments de Paris *and* Les Plus Beaux Châteaux de France. *This book on Normandy, illustrated by photographs dating essentially from 2019 to 2021, bears fine witness to his great fondness for this region, where he lived for several years, in Courseulles-sur-Mer.*

Remerciements / Acknowledgements

L'auteur exprime sa reconnaissance aux responsables, propriétaires, affectataires de monuments historiques qui lui ont donné la permission de réaliser des prises de vues : Mmes Bastard (château de Balleroy), Hirard (mairie de Cherbourg), Lemaitre (fondation Claude Monet à Giverny), Minel (château de Mesnières) ; MM. Garcia (château du Champ de Bataille), Roquier, Bentaieb (théâtre à l'italienne de Cherbourg), de Vendeuvre (château de Vendeuvre), Duparc (château d'Eu), Houis (basilique Sainte-Thérèse de Lisieux) ; fraternités monastiques de Jérusalem (abbaye du Mont-Saint-Michel).

Les remerciements s'adressent également à Pascal Ducept, Jérome Houyvet, Lionel Lourdel, Alain Philippe, Alain Joubert, Hervé Hughes, les Vikings Volants de Port-Bail, frère Thomas (abbaye de La Trappe), Roger de La Servière et Anita Garcia qui, par leur soutien, leurs conseils, renseignements, participations aux vols en paramoteur et réparations, ont collaboré efficacement et en toute amitié à la réalisation de ce livre.

Mention particulière de gratitude envers Grégory Pique des éditions OREP pour la confiance accordée et à Bela Chicurel, mère exemplaire.

The author would like to express his gratitude to all administrators, owners and allocators of the historic monuments who granted him permission to take the photographs included in this book: Mesdames Bastard (Château de Balleroy), Hirard (Cherbourg Town Hall), Lemaitre (Claude Monet Foundation in Giverny), Minel (Château de Mesnières), Messrs Garcia (Château du Champ de Bataille), Roquier, Bentaieb (Italian Theatre in Cherbourg), De Vendeuvre (Château de Vendeuvre), Duparc (Château d'Eu), Houis (Basilica of St Thérèse of Lisieux), the Monastic Fraternities of Jerusalem (Mont-Saint-Michel Abbey).

Thanks are also extended to Pascal Ducept, Jérome Houyvet, Lionel Lourdel, Alain Philippe, Alain Joubert, Hervé Hughes, Les Vikings Volants in Port-Bail, brother Thomas (Abbey of La Trappe), Roger de La Servière and Anita Garcia who, through their support, advice, information, participation in paramotor flights and repairs have all efficiently and amicably collaborated towards the realisation of this work.

A very special mention goes to Grégory Pique and Editions OREP for their trust, and to Bela Chicurel, an exemplary mother.

OREP EDITIONS

OREP Éditions - Zone tertiaire de Nonant - 14400 BAYEUX
Tél. : 02 31 51 81 31 - Fax : 02 31 51 81 32 - E-mail : info@orepeditions.com - Web : www.orepeditions.com
Éditeur/*Editor* : Grégory PIQUE - Conception/*Design* : Éditions OREP
Graphisme et mise en pages/*Graphics and layout* : Sophie YOUF - Coordination éditoriale/*Editorial coordination* : Joëlle MEUDIC
Traduction en anglais/*English translation* : Heather INGLIS

ISBN : 978-2-8151-0578-1 - Copyright OREP 2021 - Dépôt légal/*Legal deposit* : novembre 2021/*November 2021*
Toutes les photographies sont issues de la collection de l'auteur./*All photographs are from the author's private collection.*